EINSCHLUSS-VERBINDUNGEN

VON

FRIEDRICH CRAMER
DOZENT AM CHEMISCHEN INSTITUT
DER UNIVERSITÄT HEIDELBERG

MIT 47 TEXTABBILDUNGEN

SPRINGER-VERLAG
BERLIN · GÖTTINGEN · HEIDELBERG
1954

ISBN-13: 978-3-540-01787-5 e-ISBN-13: 978-3-642-49192-4
DOI: 10.1007/978-3-642-49192-4

BRÜHLSCHE UNIVERSITÄTSDRUCKEREI GIESSEN

Vorwort.

Naturwissenschaftliche Forschung beginnt bei der Beobachtung von Naturvorgängen, einer Beobachtung, die unter ganz bestimmten Gesichtspunkten und mit bestimmten Zielen erfolgt. Durch experimentelle Variation der Naturvorgänge wird der Versuch gemacht, die Kenntnis über die materielle Welt und ihre Kräfte zu vertiefen. Die Richtung, in die der Forscher dabei seinen Blick lenkt, hat sich im Laufe der letzten Jahrhunderte immer wieder verschoben, das Ziel ist das gleiche geblieben.

Die Chemie, die sich speziell mit der Vielfalt der stofflichen Welt befaßt, mußte zunächst ein ungeheures Material zusammentragen, welches dann von den großen Klassikern der Chemie, insbesondere von LIEBIG, BUNSEN und KÉKULÉ zusammengefaßt, theoretisch durchdrungen und als fertiges System geordnet vorgelegt wurde.

Die Leistungen dieser Forscher haben den ungeheuren Aufschwung der synthetischen organischen Chemie mit allen ihren materiellen Auswirkungen ermöglicht. Aus der immer weiter fortschreitenden Ausweitung der Kenntnisse über die Stoffe ergab sich aber wiederum die Notwendigkeit einer Vertiefung unserer theoretischen Kenntnisse. Es zeigte sich mehr und mehr, daß der Begriff der chemischen Bindung, der seit KÉKULÉ und COUPER durch den Valenzstrich dargestellt wird, zunächst nur ein stark vereinfachtes, mechanisches Bild der tatsächlichen Verhältnisse darstellen konnte, dessen Verständnis erst mit Hilfe der neueren physikalischen Erkenntnisse möglich wird.

Die Art der bindenden Kräfte in organischen Molekülen zu beschreiben, ist eine Aufgabe der *theoretischen organischen Chemie*. Ein zweiter wichtiger Gesichtspunkt, unter dem man heute organische Moleküle zu betrachten hat, ist der der *räumlichen Erfüllung*. Beide Gesichtspunkte sind für die Chemie der Einschlußverbindungen bedeutungsvoll.

Die erst vor wenigen Jahren entdeckten Einschlußverbindungen haben eine erneute Diskussion des Begriffes „Verbindung“ eingeleitet und damit in weitergreifende theoretische Erörterungen hineingeführt. Ich darf hier zahlreichen Fachgenossen für wertvolle Hinweise und Anregungen danken, der Gedanke zu manchen der von uns ausgeführten Experimente mag bei derartigen Diskussionen entstanden sein.

Wenn in der vorliegenden Schrift über „Einschlußverbindungen“ in vielen Fällen die Auffassung von chemischen Molekülen als differenzierten räumlichen Gebilden eine entscheidende Rolle spielt, so sei es mir an dieser Stelle erlaubt, meinem verehrten Lehrer, Herrn Professor Dr. K. Freudenberg, ergebenen und herzlichen Dank zu sagen.

Die vorliegende Schrift stellt eine erweiterte Fassung meiner der Heidelberger Naturwiss.-Mathemat. Fakultät vorgelegten Habilitationsschrift dar.

Heidelberg, im August 1953 Friedrich Cramer.

Inhalt.

Einleitung:

Die chemische Bindung.

Der Begriff der chemischen Bindung ist in seinen Grundsätzen zugleich mit der Theorie von den Atomen und Molekülen geschaffen worden; denn wenn Atome sich zu Molekülen vereinigen, so muß dabei eine irgendwie geartete Verbindung zwischen den Bausteinen hergestellt werden. Schon von BERZELIUS wurde elektrische Anziehung zwischen entgegengesetzt geladenen Atomen oder Atomgruppen für diesen Zusammenhalt verantwortlich gemacht.

Bei der Anwendung dieser Theorie auf die Probleme der seit etwa 1830 sich rasch entwickelnden organischen Chemie stieß man jedoch auf beträchtliche Schwierigkeiten. Hier handelte es sich um Verbindungen, die größtenteils aus gleichartigen, also auch gleichartig geladenen Atomen, nämlich aus Kohlenstoff zusammengesetzt waren. Die inzwischen erworbenen Kenntnisse zwangen hier zu einer Erweiterung des Bindungsbegriffes. Es ist im wesentlichen das Verdienst KÉKULÉs (*60*), den Begriff der chemischen Valenz, er nannte es Atomigkeit, eingeführt zu haben. Man stellte sich die Atome mit Häkchen versehen vor, beim Herstellen einer chemischen Verbindung haken die einzelnen Atome ineinander ein und ergeben so den Zusammenhalt in der chemischen Verbindung. Späterhin wurden dann die beiden Häkchen durch den einfachen Valenzstrich ersetzt, die Vorstellung von der unpolaren Bindung blieb aber zunächst eine rein mechanische. Eine Deutung dieser Bindungsart war erst mit Hilfe des BOHRschen Atommodelles möglich und eine angenähert quantitative Erfassung mit Hilfe von wellenmechanischen Vorstellungen. Danach beruht die homöopolare Bindung letzten Endes auch auf einer elektrostatischen Anziehung. Zwischen den beiden Atomkernen halten sich Elektronen auf. Jeder der benachbarten positiven Kerne übt auf die Elektronen eine Anziehung aus. Die Entfernung zwischen den Elektronen und den Kernen ist kleiner als die Entfernung zwischen den Kernen selbst, so daß im ganzen die COULOMBsche Anziehung überwiegt. Die Berechnung dieser Verhältnisse, allerdings nur im einfachsten

Falle des Wasserstoffmoleküls und einiger einfacherer organischer Moleküle, durch HEITLER und LONDON (*54*) führte zu einer richtigen Wiedergabe der Verhältnisse. Die Rechnung beweist, daß unsere Vorstellungen über den Zusammenhalt von gleichgeladenen Atomen in Molekülen im großen und ganzen zutreffend sind [vgl. auch (*83*)].

Das System der Hauptvalenzbindung unter Verknüpfung der Kohlenstoffatome hat nun seit KÉKULÉ in der gesamten organischen Chemie die Aufklärung und Synthese einer ungeheuren Vielzahl von Verbindungen ermöglicht und zur Aufklärung zahlreicher Naturvorgänge geführt. Eine Krönung erfährt dieses System in unserer heutigen Kenntnis über die makromolekularen Stoffe, die aus Ketten von mehr als 10^4 Einzelgliedern bestehen können, die alle durch Hauptvalenzbindung miteinander verknüpft sind.

Das Begriffsystem der chemischen Valenz konnte jedoch um die Jahrhundertwende bereits nicht mehr alle Erscheinungen in voll befriedigender Weise erklären. Es waren inzwischen einige Tatsachen bekannt geworden, die diesem System widersprachen oder eine Ergänzung in bestimmter Richtung notwendig machten. Zu diesen zunächst schwer deutbaren Verbindungen gehören etwa die Chinhydrone, die Komplexverbindungen von Oxyketonen und Diketonen mit Metallionen, Komplexverbindungen der Amine und Aminosäuren, Additionsverbindungen der Äther, insbesondere der Pyrone, Additionsverbindungen von Metallhalogeniden an ungesättigte Systeme, Addukte der Nitroverbindungen und der Pikrinsäure mit aromatischen Kohlenwasserstoffen und viele andere. Bei allen diesen Verbindungen handelt es sich um Systeme, in denen zwei an sich abgesättigte, also energetisch vollkommen stabile Moleküle eine Verbindung miteinander eingehen. Für diese Verbindungsbildung steht keine eigentliche Valenz mehr zur Verfügung, man bezeichnet daher die hier wirksame Bindung als „Nebenvalenz", auch als „Partialvalenz". Diese Anschauungen basieren auf der Koordinationslehre von WERNER, die besagt, daß ein fertiges Molekül bzw. Zentralatom in einem Molekül sich noch weitere Atome oder Atomgruppen „koordinieren" kann. Man nennt die Nebenvalenz mit WERNER auch koordinative Bindung.

Zum ersten Male ist von P. PFEIFFER (*86*) der Versuch gemacht worden, die Verbindungen zweiter Art systematisch zu ordnen und sie unter einem einheitlichen Gesichtspunkt, nämlich dem der WERNERschen Koordinationslehre zu betrachten. PFEIFFER nennt diese Verbindungen organische Molekülverbindungen, weil sich hier in der Regel zwei fertige Moleküle locker miteinander verbinden. Auch hier war aber zunächst noch offen, welcher Art die Kräfte sind, die die Affinität zwischen den Molekülen hervorrufen. Wir müssen heute auch diese Verbindungen vom Standpunkt der Elektronentheorie betrachten. Nach PFEIFFER entstehen etwa die Oxoniumverbindungen der Äther deshalb, weil der Sauerstoff koordinativ dreiwertig ist, in der neueren Nomenklatur bedeutet dies: der Sauerstoff im Äther trägt zwei einsame Elektronenpaare, das Proton einer Säure kann eines dieser Elektronenpaare binden, dadurch erhält der Sauerstoff eine positive Ladung, wird zum Kation, verhält sich also basisch. In ähnlicher Weise kann man mit Hilfe moderner Vorstellungen die meisten anderen organischen Molekülverbindungen diskutieren, was bisher allerdings nur in einigen Fällen geschehen ist.

Das WERNER-PFEIFFERsche System gestattet tatsächlich eine übersichtliche und vernünftige Beschreibung der meisten organischen Molekülverbindungen. Allerdings zeigten sich auch hier bald Grenzen. PFEIFFER selbst schreibt dazu (*86*): „Daß eine solche Ordnung heute noch nicht lückenlos möglich ist, und daß die Stellung, die manchen Molekülverbindungen im System zugewiesen wurde, nur eine provisorische sein kann, ist selbstverständlich. Überhaupt ist immer im Auge zu behalten, daß für labile Molekülverbindungen, und zu diesen gehören insbesondere der größte Teil der rein organischen Molekülverbindungen, nicht mit derselben Sicherheit Konstitutionsformeln aufgestellt werden können, wie es bei den Verbindungen erster Ordnung und den stabilen anorganischen Molekülverbindungen möglich ist.“

Zu denjenigen Verbindungen, die sich diesem System nicht unterordnen, gehörten zunächst die 1916 entdeckten Choleinsäuren. Hierbei handelt es sich um Verbindungen der Desoxycholsäure mit Fettsäuren, wobei je nach der Länge des Fettsäuremoleküls eine verschiedene Anzahl von Desoxycholsäuremolekülen zur Verbindungsbildung benötigt wird. Die Choleinsäuren blieben lange Zeit recht rätselhafte Außenseiter. Erst in den letzten Jahren sind nun, im wesentlichen ausgehend von den Arbeiten W. SCHLENKs, [vgl. (*105*)] und BENGENs (*12*, *9e*) eine ganze Reihe ähnlich gebauter

Verbindungen entdeckt worden, so daß es jetzt möglich erscheint, diese Verbindungsklasse zusammenzufassen zum Typ der *Einschlußverbindungen*[1].

I. Allgemeines über Einschlußverbindungen.

1. Definition.

Desoxycholsäure verbindet sich mit chemisch vollkommen verschiedenen Stoffen wie Fettsäuren, Campher, Benzaldehyd u.a. Das läßt sich mit den bisherigen Vorstellungen nicht erklären, man mußte hier ein neues Prinzip der Verbindungsbildung postulieren, über das freilich zunächst noch wenig Klarheit herrschte. Erst nachdem vor wenigen Jahren die Harnstoffaddukte, die Hydrochinonaddukte, die Cyclodextrinaddukte u. a. aufgeklärt worden waren, war das notwendige experimentelle Material zur Hand, um diese Verbindungsklasse auf einen gemeinsamen Typ zurückführen zu können.

Bei den Einschlußverbindungen handelt es sich um eine rein räumliche Verbindungsbildung zwischen den Partnern. Es werden hier keine Haupt- oder Nebenvalenzen hergestellt, sondern das eine Molekül schließt das andere räumlich ein. Das eingeschlossene Molekül ist dann in seinem Hohlraum vollständig „vergattert“ und kann nicht mehr heraus, obwohl es nicht direkt an das andere einschließende Molekül gebunden ist. Der notwendige Hohlraum kann sich entweder in einem einzelnen Molekül befinden, was relativ große Moleküle erfordert (Molgewicht über 1000), oder er kann sich durch Zusammenbauen mehrerer kleiner Moleküle in einem hohlraumhaltigen Gitter ausbilden. Derartige Verbindungen müssen daher unter vollkommen anderen Gesichtspunkten betrachtet werden. Es kommt bei der Verbindungsbildung weder auf chemische Affinitäten noch auf bestimmte funktionelle Gruppen an. Vielmehr gelten hier folgende Voraussetzungen:

1. Der einschließende Stoff muß Hohlräume von molekularen Dimensionen aufweisen. Diese Hohlräume brauchen im Falle eines Molekülgitters nicht von vornherein vorzuliegen, sondern bilden sich häufig erst bei Gegenwart des Addenden aus.

---

[1] Der Name stammt von W. SCHLENK (*103*). Die angelsächsische Literatur spricht von “inclusion compounds”.

2. Der Addend muß in den Hohlraum hineinpassen, seine Raumerfüllung spielt also hier die entscheidende Rolle. Das räumliche Ineinanderpassen tritt hier an die Stelle des chemischen Reaktionsvermögens.

Bei der nahen räumlichen Berührung der Wirkungssphären von Molekülen, die zu einer Einschlußverbindung zusammentreten, finden selbstverständlich auch Wechselwirkungen zwischen den beiden Verbindungspartnern statt. Hierauf wird in den folgenden Ausführungen ausführlich eingegangen werden. Primär wichtig ist allerdings zunächst der rein räumliche Bau der Verbindungspartner.

Eine Einschlußverbindung ist demnach eine Verbindung zwischen fertigen organischen Molekülen, die sich rein räumlich ineinander fügen, wobei das Bindungssystem jedes Molekülgerüstes unverändert für sich erhalten bleibt.

2. Vorkommen.

Wenn man nach den geschilderten Gesichtspunkten die organischen Verbindungen sichtet, so wird man feststellen, daß sich zunächst nur wenige Voraussagen über die Möglichkeit des Vorkommens von Einschlußverbindungen machen lassen. Die Durchmesser der einzelnen Moleküle sind zwar meist bekannt oder ihre Dimensionen können aus bekannten Daten entnommen werden. Es ist aber nicht von vornherein abzusehen, wie eine bestimmte Molekülart kristallisieren wird und ob in ihrem Kristallgitter die Möglichkeit einer Aufweitung, der Herstellung von Kanälen oder Löchern besteht, in denen dann andere Moleküle eingeschlossen werden können. Verhältnismäßig übersichtlich können die Verhältnisse nur bei großen Ringmolekülen liegen, die von vornherein infolge ihrer Molekülstruktur einen Hohlraum enthalten. Solche großen Ringmoleküle liegen in den Cyclodextrinen (s.S. 49) vor, die deshalb ein besonders übersichtliches Beispiel von Einschlußverbindungen darstellen. Auch in makromolekularen Stoffen können Hohlräume vorkommen, die die Einlagerung anderer Moleküle gestatten.

Wir teilen deshalb folgendermaßen ein:

1. Gittereinschlußverbindungen, worunter diejenigen zählen, deren Hohlraum erst durch Ausbildung eines Kristallgitters entsteht.

Diese sind nach der Form des Hohlraumes zu unterteilen in Kanal- und Käfigverbindungen.

2. Moleküleinschlußverbindungen.

3. Inklusionsverbindungen makromolekularer Stoffe.

3. Methodisches.

Die Verbindungsklasse der Einschlußverbindungen erfordert ihre eigenen Untersuchungsmethoden, die sich von denen normaler organischer Verbindungen z. T. wesentlich unterscheiden.

Charakteristisch für die Untersuchungen über Einschlußverbindungen ist die Notwendigkeit, ein großes Versuchsmaterial zu bewältigen, da hier die Möglichkeit des gezielten Experimentes noch längst nicht in dem Maße besteht wie in der präparativen organischen Chemie. Die meisten der bisher bekannten organischen Einschlußverbindungen sind rein zufällig entdeckt worden. Häufig handelte es sich dabei um längst bekannte Stoffe, wie im Falle der Gashydrate und des Hydrochinons. In anderen Fällen hielt man das Addukt, also die Einschlußverbindung, für einheitliche chemische Körper, wie bei den Choleinsäuren oder dem r- und s-Dextrin, deren Konstitutionsaufklärung dann mit den damals bekannten Mitteln nicht möglich war.

In der Regel bildet sich eine Einschlußverbindung bereits beim Zusammengeben der Komponenten, am besten in gesättigter oder übersättigter Lösung. Man kann aber auch schon beim einfachen Zusammenreiben oder, wie im Falle der Jodstärke, durch Kondensation des einen Stoffes in den anderen zum Ziele gelangen.

Der Beweis, daß es sich tatsächlich um eine Einschlußverbindung handelt, ist dann allerdings nicht leicht zu führen. Schon die organischen Molekülverbindungen erschweren wegen ihrer Labilität die Konstitutionsaufklärung außerordentlich. Bei den Einschlußverbindungen besteht nun überhaupt keine Bindung mehr zwischen dem einschließenden und dem eingeschlossenen Molekül. Hier bewirkt daher bereits in der Regel der Lösungsvorgang ein Auseinandergehen der Verbindung. Alle Reaktionen in Lösung scheiden damit aus dem Bereich der verwendbaren Untersuchungsmethoden aus. Nur die Einschlußverbindungen der Cyclodextrine und der makromolekularen Stoffe bilden hier eine Ausnahme.

Röntgenographie. Neben den unter besonders angepaßten Bedingungen auszuführenden chemischen Methoden sind für die Aufklärung der Einschlußverbindungen vor allem physikalische Methoden von Bedeutung. Hier steht an erster Stelle die röntgenographische Strukturanalyse. Diese Methode gestattet es zur Zeit als einzige, die räumliche Struktur eines kleineren Moleküls

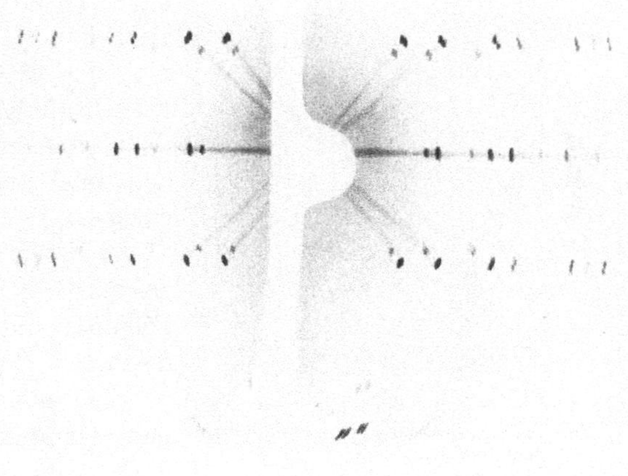

Abb. 1. Drehdiagramm des reinen, tetragonalen Harnstoffs nach GLOCKER (Springer 1949).

bzw. Gitters und damit das Vorhandensein eines einschließenden Hohlraumes exakt zu beweisen.

Mit Hilfe der zwei- bzw. dreidimensionalen Fourieranalyse kann man ein genaues Bild der Elektronendichte eines Kristallgitters gewinnen. Nach diesem Verfahren wurde etwa das Gitter der Hydrochinonclathrate (s. S. 37) aufgeklärt. Wenn die eingeschlossenen Moleküle in bestimmten Punktlagen des einschließenden Gitters festliegen, tragen sie innerhalb des dreidimensionalen Gitters zu Röntgeninterferenzen bei und ihre Lagen ergeben sich dann ebenfalls aus der an dem betreffenden Ort herrschenden Elektronendichte. Man hat hier die Möglichkeit, den eingeschlossenen Stoff zu variieren oder einen stark streuenden Stoff, etwa

Brom oder Jod einzuführen. Dadurch ist die Röntgenstrukturanalyse häufig sehr erleichtert. Man erhält in einem solchen Falle bei der Drehkristallaufnahme ein normales Schichtliniendiagramm, das eine *drei*dimensionale Ordnung innerhalb des Kristalls anzeigt.

Wenn in einem dreidimensionalen Kristallgefüge eine Aufspaltung in zahlreiche kleinere Aggregate vorgenommen wird und diese parallel zueinander angeordnet werden, so daß nur noch die Ordnung um die c-Achse erhalten bleibt, dann erhält man bei der Röntgenaufnahme ein sog. Faserdiagramm. Hier handelt es sich um eine *ein*dimensionale Ordnung von *drei*dimensionalen Gebilden in Richtung der c-Achse.

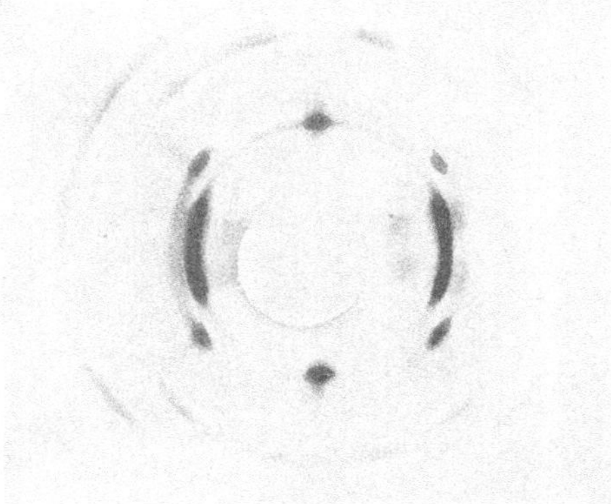

Abb. 2. Faserdiagramm von gewalztem Aluminiumblech nach GLOCKER.

Derartige Faserdiagramme liefern die Cellulose und Proteinfasern.

Eine *ein*dimensionale Ordnung von *ein*dimensionalen Strukturen schien dagegen zunächst nicht gut denkbar, da man sich nicht leicht vorstellen kann, wie derartige eindimensionale Strukturen, das sind also Atom- oder Molekülketten, zu einer Parallellagerung gezwungen werden könnten, ohne miteinander in Wechselwirkung zu treten und damit eine dreidimensionale Struktur aufzubauen.

Nun besteht aber in den Kanälen von Einschlußverbindungen, sofern diese Kanäle einen Durchmesser von der Größenordnung der Einzelmoleküle haben, die Möglichkeit, die Einzelmoleküle hintereinander so anzuordnen, daß sie aus Platzmangel gezwungen sind, in einer linearen Anordnung zu verbleiben. Es wird also hier eine eindimensionale Anordnung der Moleküle bzw. Atome einzig durch die besonderen räumlichen Verhältnisse erzwungen. Wenn die Kanäle in einer Einschlußverbindung parallel verlaufen, hat man damit die Möglichkeit, eine eindimensionale Ordnung von eindimensionalen Strukturen aufrechtzuerhalten. Solche Strukturen zeigen sich im Röntgendiagramm durch *kontinuierliche Schichtlinien* an, wie von W. BORCHERT und H. v. DIETRICH (*14*) gefunden wurde. Die Autoren entdeckten erstmalig derartige Schichtlinien an Harnstoffeinschlußverbindungen. Voraussetzung für das Auftreten dieser Schichtlinien ist jedoch, daß die eingeschlossenen Moleküle unabhängig von dem umgebenden Einschlußgitter

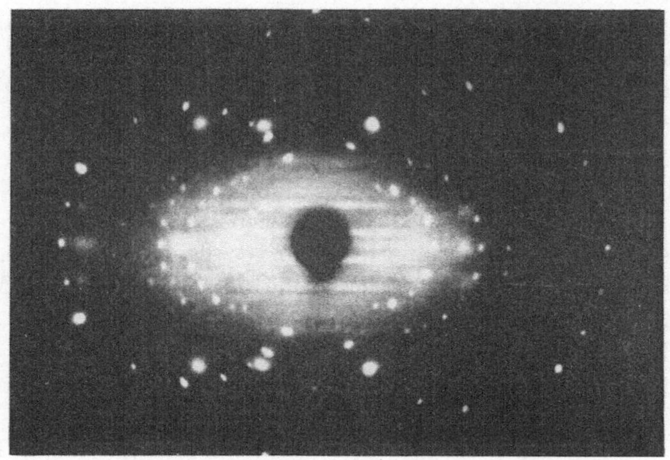

Abb. 3 zeigt ein Diagramm mit eindimensionalen Schichtlinien nach BORCHERT (*14*). Es handelt sich um das Harnstoffcaprinsäureaddukt.

sind. Es muß hier ein eigener Kristallit innerhalb des dreidimensionalen Gitters vorliegen. Wenn zwischen dem eingeschlossenen und dem einschließenden Stoff stärkere energetische Wechselwirkungen und lokalisierte Bindungen auftreten, so bilden die beiden Partner ein gemeinsames Kristallgitter, dessen Röntgenbild ausschließlich ein dreidimensionales Diagramm liefert.

Bei derartigen „einfachsten" Strukturen sind keine Auslöschungen zu erwarten, so daß man aus ihnen unmittelbar die Länge der in den Kanal eingelagerten Moleküle entnehmen kann.

Die eindimensionalen Schichtlinien stellen damit ein wichtiges Hilfsmittel zur Aufklärung von Einschlußverbindungen, speziell von Kanaleinschlußverbindungen, dar. Sie führten auch zur Aufklärung der blauen Jodaddukte (s. S. 71).

Raumerfüllungsmodelle. Bei den Einschlußverbindungen kommt es wesentlich auf die räumliche Erfüllung der Verbindungspartner an.

Wenn zwei Moleküle sich nähern, kommen sie sich auf den Abstand nahe, in dem die Elektronensphären der beiden Partner sich gerade berühren aber nicht durchdringen. Man nennt diesen Abstand den VAN DER WAALschen Abstand. Die VAN DER WAALschen Radien von Atomen und Atomgruppen sind durch physikalische Arbeiten in den meisten Fällen recht genau bekannt und in den sog. Stuartmodellen niedergelegt. Diese Modelle berücksichtigen auch die bekannten Valenzwinkel und bieten daher die Möglichkeit, größere Moleküle maßstabsgerecht aufzubauen und ihre räumliche Erfüllung festzustellen. Über derartige Modelle hat BRIEGLEB (*17b*) zusammenfassend berichtet.

Absorptionsspektren. Die Empfindlichkeit der Einschlußverbindungen bedingt häufig eine Untersuchung in festem Zustand. Wenn man das Verhalten des eingeschlossenen Stoffes im Hohlraum untersuchen will, muß man Methoden verwenden, unter denen er im Hohlraum darin bleibt. Eine solche Methode ist u. a. die Messung der Lichtabsorption.

Die Spektren eingeschlossener Moleküle sind nach CRAMER (*25*) häufig in charakteristischer Weise verändert. Die Verschiebungen der Absorptionsmaxima gestatten gelegentlich Rückschlüsse auf die Veränderungen, die das eingeschlossene Molekül erfahren hat. Auf die einzelnen Beispiele wird im folgenden eingegangen werden.

Bei den drei zuletzt genannten Methoden handelt es sich um Verfahren, die sich erst in neuerer Zeit allgemein verbreitet und damit den Weg zur Erforschung von Einschlußverbindungen freigemacht haben.

4. Molverhältnisse.

In den Einschlußverbindungen verbinden sich nicht bestimmte Moleküle miteinander, sondern Molekülgruppen halten andere Molekülgruppen oder Einzelmoleküle fest. Es gibt daher in dieser Verbindungsklasse in der Regel keine ganzzahligen Molverhältnisse. Das Wirtsmolekül schließt so viel Gastmoleküle ein, wie es rein räumlich unterbringen kann. Um einen Vergleich zu gebrauchen: die Zahl der in einem Hotel maximal aufzunehmenden Gäste steht zwar in einem einfachen Verhältnis zur Zahl der verfügbaren Betten, nicht aber in einem einfachen Verhältnis zur Zahl der Ziegelsteine, aus denen das Hotel erbaut ist.

So werden etwa zum Einschließen eines langkettigen Paraffinmoleküls mehr Harnstoffmoleküle benötigt als für die Einschlußverbindung mit Hexan. Einschlußverbindungen mit Leerstellen sind in der Regel nicht beständig. Das besondere Gitter kollabiert meist, wenn der eingeschlossene Stoff entfernt wird, da es energiereicher ist als das Grundgitter. Diese Tatsache bringt es mit sich, daß das Gesetz der konstanten Proportionen bei Einschlußverbindungen erfüllt ist. Man darf sie deshalb mit Recht noch als Verbindungen bezeichnen, denn die Erfüllung dieses Gesetzes wird definitionsgemäß als eine hinreichende Bedingung für das Vorliegen einer chemischen Verbindung angesehen.

Allerdings treten bei den Einschlußverbindungen auch Ausnahmen in dieser Hinsicht auf. So liegen in den Choleinsäuren stets ganzzahlige Molverhältnisse vor. Bei den Clathraten und den Cyclodextrinen sind auch Leerstellen in der Einschlußverbindung möglich. Hierauf wird im speziellen Teil eingegangen werden.

5. Bindungsenergien.

Für die Bildungswärme von Einschlußverbindungen sind neben Entropieeffekten im wesentlichen nur die Bindungsenergien VAN DER WAALscher Bindungskräfte anzusetzen. Diese liegen in der Größenordnung von 1 kcal. Da aber durch die räumliche Umhüllung des eingeschlossenen Moleküls von allen Seiten her VAN DER WAALsche Kräfte einwirken, können die Bindungsenergien recht beträchtliche Werte erreichen, wenn man auf 1 Mol *eingeschlossene* Substanz bezieht. Bei Harnstoffaddukten liegen die Bildungswärmen in der Größenordnung von 5—10 kcal (*103*), für die Jodstärke 19,6 kcal/Mol J_2 (*116*) und für Cyclodextrinverbindungen 12 kcal (*17c*). Die Bildungswärmen können also unter Umständen höher sein als die normaler Molekülverbindungen. So haben etwa die Molekülverbindungen mit Trinitrobenzol Bildungswärmen von ungefähr 4 kcal/Mol (*17a*).

II. Die einzelnen Einschlußverbindungen.

A. Gittereinschlußverbindungen.

1. Harnstoff.

Vor etwa 15 Jahren machte H. BENGEN (*9e*, *12*) die merkwürdige Beobachtung, daß Harnstoff mit Octylalkohol zu kristallisierten Addukten zusammentritt. Dieses Verhalten des Harnstoffs war zunächst vollkommen rätselhaft, denn an eine chemische Verbindung zwischen diesen beiden Stoffen ist nicht zu denken. Bei näherer Untersuchung zeigte sich, daß diese Fähigkeit nicht allein dem Octylalkohol sondern zahlreichen Paraffinen und Paraffinderivaten zukommt. Das merkwürdige aber ist, daß nur die *unverzweigten* Paraffine derartige Addukte liefern. Die weitere Untersuchung dieser Verbindungsklasse erfolgte dann durch W. Schlenk jr. (*103*), der die Bedeutung dieser Addukte als Vertreter einer neuen Verbindungsklasse erkannt hat.

Die Herstellung der Harnstoffaddukte ist äußerst einfach. Wenn man eine gesättigte methanolische Harnstofflösung mit Octan, Decan usw. versetzt, so scheiden sich sofort hexagonale Kristalle ab. Beim vorsichtigen Überschichten kann man wunderbar kristallisierte, lange hexagonale Nadeln oder Säulen erhalten. Man kann auch den Harnstoff in der organischen Komponente durch Erwärmen auflösen, wobei dann durch Auskristallisieren das Addukt erhalten wird. Auch beim Übergießen von festem Harnstoff mit der organischen Komponente können sich in manchen Fällen die Addukte ausbilden.

Die Addukte zeigen keine definierten Schmelzpunkte, bereits vor Erreichen der Schmelztemperatur wird die eingeschlossene Komponente abgespalten und der zurückbleibende Harnstoff zeigt seinen normalen Schmelzpunkt von 132,7°.

Außer den genannten Addukten bildet der Harnstoff mit stärkeren organischen Säuren Molekülverbindungen im molekularen Verhältnis, die außer Betracht bleiben sollen.

Folgende Stoffe sind zur Bildung echter Harnstoffaddukte vom Typ der Einschlußverbindungen befähigt:

Unverzweigte Paraffine mit mehr als 6 Kohlenstoffatomen und deren Derivate, nämlich Alkohole, Äther, Aldehyde, Ketone, Carbonsäuren, Dicarbonsäuren, Ester, ungesättigte Paraffine, Halogenide, Dihalogenide, Amine, Diamine, Nitrile, Dinitrile, Thioalkohole, Thioäther.

In längeren Ketten braucht eine einzelne Verzweigung unter Umständen nicht zu stören, je länger die Kette, um so eher wird eine Verzweigung mitgeschleppt. Bei den Carbonsäuren beginnt die Fähigkeit zur Adduktbildung bereits bei der Buttersäure, bei den Ketonen schon beim Aceton, bei den Alkoholen, beim Hexanol.

Die Molverhältnisse der Komponenten stellten sich bald als ungeradzahlig heraus. Dies schien der klassischen Koordinationslehre zu widersprechen und zeigt an, daß es sich hier eben nicht um Koordinationsverbindungen handelt. Die Molverhältnisse der Paraffin-Harnstoff-Addukte zeigt Abb. 4.

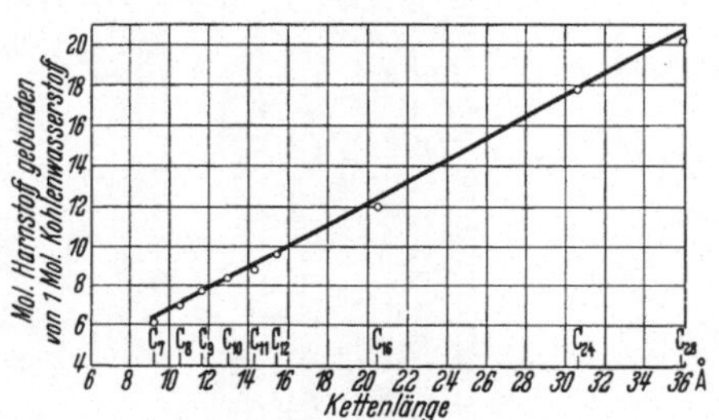

Abb. 4. Paraffin-Harnstoff-Addukte. Abhängigkeit der Zusammensetzung von der Kettenlänge nach SCHLENK (*103*).

Hieraus wird deutlich, daß das Molverhältnis von der Kettenlänge abhängt. Je länger die Kette, um so mehr Harnstoff wird gebraucht. Die gleichen Verhältnisse liegen bei allen anderen Addukten vor.

Die *röntgenographische Untersuchung* zeigte zunächst, daß alle Harnstoffaddukte das gleiche Kristallgitter besitzen. Die endgültige Aufklärung gab hier die röntgenographische Strukturanalyse durch C. HERMANN (in *103*). Die Fourieranalyse zeigte das Vorliegen einer hexagonalen Harnstoffstruktur, in der entlang der c-Achse Kanäle verlaufen. In diese Kanäle werden die Gastmoleküle eingelagert. Abb. 6 zeigt das Modell dieser Struktur mit einem eingelagerten Cetanmolekül.

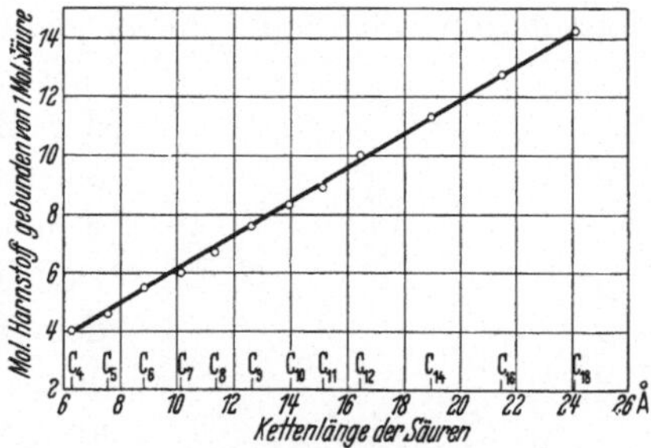

Abb. 5. Carbonsäure-Harnstoff-Addukte. Abhängigkeit der Zusammensetzung von der Kettenlänge nach SCHLENK (*103*).

Die einzige Möglichkeit, ein Paraffin in dem Kanal unterzubringen ist die, daß es sich in gestreckter Form in das Lumen des Kanals hineinlegt. Dies ergibt sich aus dem gefundenen Querschnitt des Hohlraumes.

Der Durchmesser des Kanals beträgt rund 5 Å und vermag einer n-Paraffinkette bequem Platz zu bieten. Mehrere Verzweigungen durch Methylgruppen machen das Molekül aber so dick, daß es im Lumen des Kanals keinen Platz mehr hat. Die in Abb. 7 gezeigten Verhältnisse, die die Größen der einzelnen Moleküle deutlich werden lassen, finden ihren vollständigen Niederschlag im experimentellen Verhalten: n-Octan-Harnstoff bildet sich sehr leicht, Kohlenwasserstoffe mit einer Methylverzweigung oder

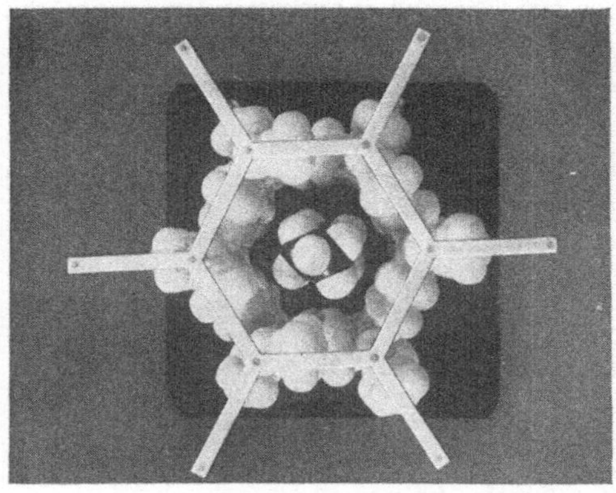

Abb. 6. Modell des Cetanharnstoffes aus Stuartmodellen in Richtung der c-Achse gesehen nach SCHLENK (*103*).

einem Benzolring können aus konzentrierten Lösungen auch noch Harnstoffaddukte bilden, während mehrfach verzweigte Kohlenwasserstoffe überhaupt nicht mehr zur Harnstoffadduktbildung befähigt sind. Die Molverhältnisse der Harnstoffaddukte entsprechen ebenfalls vollkommen den räumlichen Gegebenheiten des Kanals. Der Harnstoff umhüllt so viel von dem Fremdmolekül, daß der hexagonale Gitterhohlraum vollständig ausgefüllt ist, wobei ein Abstand der Molekülenden bei Paraffinen von 2,4 Å eingehalten wird. Da hier nur räumliche Gegebenheiten für die Menge des eingeschlossenen Kohlenwasserstoffes maßgebend sind, erhält man bei diesen Verbindungen die nicht ganzzahligen Molverhältnisse.

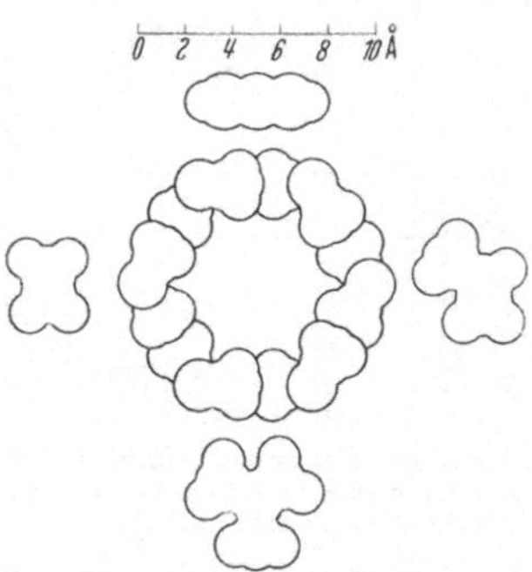

Abb. 7. Schematisch gezeichneter Querschnitt des Harnstoffkanals, verglichen mit der räumlichen Erfüllung von n-Paraffin (links), Benzol (oben), einfach verzweigtes Paraffin (rechts) und mehrfach verzweigtes Paraffin (unten). [Nach SCHLENK (*103*).]

Die für die Bildung verschiedener Addukte gemessenen Wärmetönungen sind in der folgenden Tabelle nach SCHLENK (*103*) zusammengestellt.

Tabelle 1. *Wärmetönung der Bildung von Harnstoffaddukten.*

Organische Komponente	Cal/Mol Harnstoff	Cal/Mol org. Subst.
n-Octan	1010	7160
n-Decan	1100	9120
n-Hexadecan	1240	14900
Methyläthylketon	1071	4285
Diäthylketon	1172	5500
Dipropylketon	1229	7370
n-Octanol	809	5420
n-Buttersäure	1365	5440
n-Buttersäuremethylester	1034	5580

Die gemessenen Wärmetönungen liegen in der Größenordnung der Energien VAN DER WAALScher Kräfte. Die einzelne Wärmetönung bei dieser Reaktion beruht auf drei Teilvorgängen.

1. Die in flüssigem Zustande miteinander in Wechselwirkung stehenden Paraffinmoleküle werden unter Überwindung der Molkohäsion in Einzelmoleküle isoliert. Die hierbei zu leistende Arbeit entspricht der inneren Verdampfungswärme des Paraffins.

2. Die Harnstoffmoleküle und die Paraffinmoleküle lagern sich aneinander. Dieses ist der energieliefernde Vorgang.

3. Das tetragonale Harnstoffgitter geht in das hexagonale über. Dieser Teilvorgang ist ein energieverbrauchender, da das hexagonale Gitter für sich allein nicht beständig ist. Die benötigte Energie beträgt —1030 Cal/Mol.

Nach SCHLENK (*103*) ist die Wärmetönung des Gesamtvorganges $Q_r = Q_2 — Q_3 — L$, worin Q_2 die Wärmetönung des Vorganges 2, Q_3 die Wärmetönung von 3 und L die innere Verdampfungswärme ist. Diese Gleichung gilt für die Adduktbildung durch Übergießen von festem Harnstoff mit der Paraffinkomponente. Q_r wird gemessen, L ist bekannt und Q_3 bzw. Q_2 kann durch Vergleich der Anlagerungswärmen eines kürzeren und eines längeren Paraffins ermittelt werden, da jeweils die 2,4 Å unbesetzte Strecke eingehen. Daher kann man Inkremente der Anlagerungswärmen für die CH_2-Gruppe oder für verschiedene funktionelle Gruppen ausrechnen und so die Anlagerungswärme für noch nicht bekannte Harnstoffaddukte vorausberechnen.

Besonders hoch ist die freiwerdende Energie bei der Bildung von Carbonsäure und Dicarbonsäureaddukten. Diese Tatsachen weisen bereits darauf hin, daß man es nicht allein oder ausschließlich mit einer bloßen Ausfüllung des Hohlraums zu tun hat, sondern daß doch stärkere Kräfte zwischen dem Gastmolekül und dem Wirtsmolekül wirksam sind. Das ist bei der nahen räumlichen Berührung freilich auch zu erwarten. Wir werden später bei anderen Addukten noch finden, daß diese Kräfte recht beträchtliche Größen erreichen können und in gewissen Fällen sehr bedeutungsvoll sind.

Tabelle 2. *Inkremente der Anlagerungswärme bei Harnstoffadduktbildung* nach SCHLENK (*103*).

Gruppe	Anlagerungswärme pro 1 g Äquival. der Gruppe	in Cal pro 1 Å Länge
CH_2	2700	2150
C=O . . .	7900	6300
OH	4300	3000
COOH . . .	13600	5500
COO	8200	3400

Zwischen den Enden der eingelagerten Moleküle wird stets ein „VAN DER WAALscher Abstand" von 2,4 Å eingehalten. Diese Leerstrecke ist nur energieverbrauchend bei der Adduktbildung, da ja in diesem Abschnitt keine Anlagerungswärme (Q_2) frei wird. So erklärt sich die Tatsache, daß kurzkettige Paraffine in der Regel keine Harnstoffaddukte liefern. Die Berechnung zeigt, daß die Wärmetönungen der Reaktion mit kurzkettigen Molekülen negativ werden. Allerdings ist eine negative Wärmetönung noch kein Beweis für die thermodynamische Unmöglichkeit eines Reaktionsablaufs. Die Reaktion könnte trotzdem stattfinden, wenn dabei eine Entropievermehrung erreicht würde. Zwar wird bei der Aufweitung, die ja eine Vorstufe der Verdampfung darstellt, eine solche Entropievermehrung erzielt. Andererseits wird das Paraffin vom ungeordneten flüssigen Zustand in den Zustand einer eindimensionalen Ordnung im Kristall übergeführt, wodurch die Entropie des Systems abnimmt. Daher gibt die kalorische Rechnung nach SCHLENK (*103*), die im übrigen auch mit der Erfahrung vollkommen übereinstimmt, die Verhältnisse richtig wieder.

Die Dissoziation der Harnstoffaddukte ist für die Verbindungen mit verschiedenen Addenden recht verschieden. Addukte mit flüchtigen Komponenten zersetzen sich schon langsam bei Zimmertemperatur, Cetan-Harnstoff dagegen ist vollkommen beständig. Beim Erwärmen tritt vor Erreichen eines definierten Schmelzpunktes Dissoziation ein. In Lösungsmitteln bilden sich meist

Gleichgewichte aus, 1 Mol Heptanaddukt dissoziiert in Benzol praktisch vollkommen in die Komponenten, 1 Mol Cetanaddukt dagegen nur zu 3%.

Die Fähigkeit nur der n-Paraffine, mit Harnstoff zum Addukt zusammenzutreten, kann man zur *Trennung* von geradkettigen und verzweigten Kohlenwasserstoffen verwenden. Allerdings hat man hierbei zu berücksichtigen, daß bei Gegenwart von leicht Adduktbildenden Stoffen auch solche in das Addukt mit eingeschleppt werden, die für sich kein Addukt zu bilden in der Lage sind. Gut adduktbildende Stoffe wirken als Schlepper oder Mitnehmer. Deshalb ist eine auf diesem Prinzip beruhende Trennung in den seltensten Fällen in der ersten Stufe vollständig.

Darstellung von Harnstoffaddukten nach Schlenk (*103*). Die Addukte mit flüssigen Kohlenwasserstoffen stellt man am besten ohne Verwendung von Lösungsmittel her, da bei den niederen Gliedern sonst leicht Dissoziation eintritt.

Heptan-Harnstoff: 5 g feingepulverter, gesiebter Harnstoff wird 24 Std. mit 30 cm³ n-Heptan geschüttelt. Das abgesaugte und auf Filterpapier abgepreßte Produkt verliert nach 4 Std. das eingeschlossene Heptan.

Nonan-Harnstoff: 30 cm³ ges. methanol. Harnstofflösung wird mit 2 cm³ n-Nonan versetzt. Es bildet sich sofort ein dicker, kristalliner Niederschlag. Durch Auflösen bei 40° in der Mutterlauge kann man umkristallisieren und erhält so bis zu 3 cm lange Prismen.

Wenn man den Kohlenwasserstoff vorsichtig über die Harnstofflösung schichtet, wachsen aus der Grenzschicht prächtige lange Nadeln.

Cetan-Harnstoff: Ein Gemisch von 90 g Benzol und 18,5 g Cetan wird mit 20 g gepulvertem Harnstoff geschüttelt. Nach 21 Std. beginnt die Kristallausscheidung, die nach 56 Std. beendet ist.

Tetraeikosan-Harnstoff: 5 cm³ einer bei 20° gesättigten Harnstofflösung in Methanol werden mit 0,3 g Tetraeikosan in 6 cm³ Isooctan vorsichtig überschichtet. Nach 3 Tagen im Brutschrank von 30° haben sich die Kristalle des Adduktes abgeschieden.

Carbonsäure-Harnstoffaddukte werden mit methanolischer Harnstofflösung hergestellt. Im Falle der niederen Glieder ist Abkühlen der Lösung auf +4° bis +10° notwendig, um Kristallisation herbeizuführen.

Die Trennungsmöglichkeiten für Gemische von geradkettigen und verzweigten Kohlenwasserstoffen haben inzwischen großes technisches Interesse gewonnen. Sie sind im wesentlichen in den seit 1940 angemeldeten Patenten der Bad. Anilin- und Sodafabrik, Ludwigshafen, niedergelegt. Nach diesen Verfahren sind gänzlich neuartige Trennungen möglich, die sich z. T. weder durch Kristallisation oder Destillation erreichen lassen. Hierfür seien einige Beispiele angeführt.

Trennung von Di-n-butylamin und Di-iso-butylamin (*9a*). Ein Gemisch von 50 Teilen Di-n-butylamin und 50 Teilen Di-iso-butylamin wird mit 30 Teilen gepulvertem Harnstoff 4 Std. bei Zimmertemperatur geschüttelt. Das entstandene Addukt wird abfiltriert und noch zweimal mit je 30 Teilen frischem Harnstoff geschüttelt. Die Filterkuchen werden vereinigt und mit Wasser behandelt. Dabei scheidet sich reines Di-n-butylamin ab. Das Filtrat enthält das Di-iso-butylamin.

Trennung von Laurinsäure und α-Methyllaurinsäure (*9a*). Ein Gemisch aus 5 Teilen Laurinsäure und 5 Teilen α-Methyllaurinsäure wird mit 150 Teilen ges. methanolischer Harnstofflösung vereinigt und 5 Std. bei 7° gehalten. Die dabei entstehende Additionsverbindung wird abfiltriert und mit Äther zersetzt. Hierbei geht die Laurinsäure in Lösung, der Harnstoff bleibt ungelöst und wird abfiltriert. Durch Eindampfen des Filtrats erhält man reine Laurinsäure.

Trennung von Octanol-(1) und 2-Äthylhexanol-(1) (*9a*). Ein Gemisch von 10 Teilen Octanol-(1), 10 Teilen 2-Äthylhexanol-(1) und 3 Teilen gepulvertem Harnstoff wird 5 Std. auf 7° gehalten. Aus dem durch Filtrieren gewonnenen Additionsprodukt scheidet sich bei Zugabe von Wasser reines Octanol-(1) ab. Zur Vervollständigung der Trennung der beiden Alkohole wird die Behandlung mit Harnstoff mehrmals wiederholt.

Trennung von n-Nonylamin und 3-Methylheptan (*9a*). Ein Gemisch von 51 Teilen n-Nonylamin und 100 Teilen 3-Methylheptan wird 6 Std. bei Zimmertemperatur mit 30 Teilen Harnstoff geschüttelt. Der Niederschlag wird abgesaugt und das Filtrat noch dreimal in der gleichen Weise mit frischem Harnstoff behandelt. Aus den vereinigten Filterkuchen erhält man durch Zersetzen mit Wasser das Nonylamin. Das Filtrat enthält den vom Amin befreiten Kohlenwasserstoff.

Trennung von Octanthiol-(1) und Äthylhexanthiol-(1) (*9a*). Ein Gemisch von 5 Teilen Octanthiol-(1) und 3 Teilen 2-Äthylhexanthiol-(1) wird 6 Std. bei Zimmertemperatur mit 3 Teilen fein gepulvertem Harnstoff geschüttelt. Der Niederschlag wird abgesaugt und mit Wasser zersetzt. Dabei erhält man reines, von der isomeren Verbindung freies n-Octanthiol-(1).

Die Trennschärfe des Verfahrens ist häufig günstiger, wenn man nicht mit unverdünnten Komponenten, sondern mit einem gegenüber Harnstoff „inerten" Lösungsmittel arbeitet (*9b*).

Trennung von Naphthalin und Laurinsäure (*9b*). 10 Gewichtsteile eines Gemisches, welches aus 3 Teilen Naphthalin und 7 Gewichtsteilen Laurinsäure besteht, werden in 90 Teilen Cyclohexan gelöst und mit 25 Teilen Harnstoff einige Stunden geschüttelt. Das Addukt wird abfiltriert, und mit Wasser zerlegt, wobei sich 7 Teile reine Laurinsäure abscheiden. Das Filtrat enthält das Naphthalin.

Als Lösungsmittel kann man verwenden Isooctan, Benzol, Tetrachlorkohlenstoff, Cyclohexan, Diisopropyläther, Äthylenchlorid u. a.

Fraktionierung von Schmieröl (*9b*). 80 Gewichtsteile eines aus deutschem Erdöl gewonnenen paraffinhaltigen Schmieröls vom Stockpunkt +43° werden in 100 Gewichtsteilen Äthylenchlorid gelöst und mit 60 Gewichtsteilen fein gepulvertem Harnstoff kräftig durchgeschüttelt. Das gebildete Addukt wird abfiltriert, mit Äthylenchlorid nachgewaschen und durch Zusatz von Wasser bei etwa 80° zersetzt. Dabei scheiden sich etwa 8 Teile Paraffin vom Schmp. 53° ab. Aus dem Filtrat erhält man durch Abdampfen des Äthylenchlorids im Vakuum 72 Gewichtsteile Öl mit einem Stockpunkt von —3°.

Bei der Zerlegung von komplizierten Gemischen mit homologen Reihen von Paraffinen oder Paraffinderivaten kann man die einzelnen Fraktionen durch portionsweise Zugabe von Harnstoff herausholen (*9c*). Man arbeitet also zunächst mit einem Unterschuß an Harnstoff. Dabei bilden die höheren Glieder der homologen Reihe zunächst die Addukte, erst mit der nächsten Portion Harnstoff fallen dann auch die niederen Glieder usw. Man kann die stufenweise Bildung der Addukte auch dadurch bewirken, daß man die Temperatur der Mischung von Stufe zu Stufe senkt.

Trennung eines Fettsäuregemisches (*9c*). 100 Teile eines Fettsäuregemisches mit einem mittleren Molgewicht von 211 und einem Schmelzpunkt von 37° werden in 160 Teilen Methanol gelöst und mit 1200 Teilen einer gesättigten methanolischen Harnstofflösung, der noch 300 Teile fester, gepulverter Harnstoff zugesetzt sind, vereinigt und 5 Std. bei 7° gerührt. Das dabei entstehende kristalline Produkt wird abfiltriert und zur Abscheidung der gebundenen Fettsäure mit warmem Wasser versetzt. Das Filtrat wird nochmals mit 300 Teilen Harnstoff in der gleichen Weise behandelt. Die gleiche Behandlung wird dann noch zweimal wiederholt. Das letzte Filtrat, dem durch erneute Behandlung keine Fettsäure mehr zu entziehen ist, wird eingedampft und dann zur Gewinnung der restlichen Fettsäure mit Äther extrahiert. Die erhaltenen Fraktionen der Fettsäuren zeigt Tab. 3.

Tabelle 3.

Stufe	Gewichtsteile Fettsäure	Schmp.°	Mittleres Molgewicht
1	66,7	43	266
2	17,5	15	207
3	3,7	8	200
4	3,7	—7	195
Rückst.	8,4	—14	189

Trennung von Schmieröl (*9c*). 80 Teile eines aus deutschem Erdöl gewonnenen paraffinhaltigen Schmieröls vom Stockpunkt 43° werden in 100 Teilen Äthylenchlorid gelöst und mit 45 Teilen fein gepulvertem Harnstoff versetzt. Es wird einige Stunden kräftig geschüttelt. Das gebildete Addukt wird abfiltriert, mit Äthylenchlorid nachgewaschen und durch Zusatz von Wasser bei 80° zersetzt. Dabei scheiden sich etwa 5 Teile Paraffin vom Schmp. 62° ab. Das Öl der ersten Stufe wird in der gleichen Weise nochmals mit 45 Teilen Harnstoff behandelt, wobei weitere 8 Teile Paraffin vom Schmp. 46° abgeschieden werden.

Eine Fraktionierung kann auch dadurch erreicht werden, daß man das Addukt eines Gemisches stufenweise auflöst bzw. extrahiert (*9d*). Als Extraktionsmittel muß man solche Lösungsmittel verwenden, die den Harnstoff schlecht und den zu gewinnenden Stoff gut lösen. Durch wiederholtes Behandeln der Addukte mit diesen Lösungsmitteln kann man geradkettige, aliphatische Verbindungen mit steigendem Schmelzpunkt abtrennen. Durch Steigerung der Lösungsmittelmenge und Erhöhung der Extraktionstemperatur läßt sich der gleiche Effekt erzielen.

Trennung eines Paraffingemisches (*9d*). Ein Paraffingemisch vom Schmp. 51° wird durch Behandeln mit Harnstoff in ein Addukt übergeführt, das auf 580 Gewichtsteile Harnstoff 100 Gewichtsteile Paraffin enthält. Das Addukt wird in 5 Stufen mit Trichloräthylen extrahiert. Der Extraktionsrückstand wird zur Abtrennung des noch gebundenen restlichen Paraffins mit Wasser zersetzt. Aus 680 Gewichtsteilen Addukt erhält man nebenstehende 5 Fraktionen:

Tabelle 4.

Stufe	Dauer der Extraktion in Std.	Gewichtsteile Paraffin	Schmp.°
1	1	35,2	44
2	1	17,1	50
3	3	16,0	53
4	6	11,8	60
5	24	12,0	65

Aus dem Rückstand kann man durch Zersetzen mit Wasser noch 7,9 Teile Paraffin vom Schmp. 65° gewinnen.

Trennung eines Fettsäuregemisches (*9d*). Ein Fettsäuregemisch mit dem mittleren Molgewicht 245, das bei 27,2—29,5° schmilzt, wird durch Behandlung mit einer methanolischen Harnstofflösung in Addukte übergeführt. Diese werden aus der Flüssigkeit abgetrennt und in einer Extraktionsvorrichtung zweimal je 3 Std. mit Äther behandelt. Durch Eindampfen der Ätherextrakte und Behandeln des Extraktionsrückstandes mit warmem Wasser erhält man aus einem Additionsprodukt mit 100 Gewichtsteilen Fettsäuregemisch nebenstehende Fraktionen:

Tabelle 5.

Stufe	Gewichtsteile Fettsäure	Mittlere Molgewicht	Schmp.°
1	47,8	227	30
2	27,5	246	38
3	24,7	270	44

Besonders wichtig ist das Verfahren der Trennung durch Harnstoffaddukte bei der Aufarbeitung natürlich vorkommender Öle bzw. zur Fraktionierung für Erdöle. Hier seien einige Beispiele aus dem ersten Patent über diese Verbindungsklasse, das im März 1940 angemeldet wurde, wiedergegeben (*9e*).

50 g Rautenöl werden mit 500 cm³ gesättigter wäßriger Harnstofflösung kräftig geschüttelt. Der sich alsbald ausscheidende Kristallbrei wird scharf abgesaugt und durch Schütteln mit 200 cm³ Wasser zersetzt. Dabei scheidet sich Methylnonylketon aus der wäßrigen Harnstofflösung ab.

1 Raumteil Leuchtöl wird mit 5 Raumteilen einer ges. methanolischen Harnstofflösung geschüttelt. Die ausgeschiedene Additionsverbindung wird abfiltriert und mit Wasser zersetzt. Man erhält ein Gemisch von normalen Kohlenwasserstoffen vom Schmp. —10°. Der Rückstand aus dem Filtrat hat einen Schmelzpunkt von —35°.

Roherdöl wird mit alkoholischer Harnstofflösung geschüttelt. Dabei scheiden sich die darin enthaltenen geradkettigen Kohlenwasserstoffe als körnige Masse ab, die die teerartigen Bestandteile mit sich reißt. Man kann diese abtrennen, indem man scharf absaugt, wobei der Teer mit dem Lösungsmittel in das Filtrat geht und, da er darin unlöslich ist, abgetrennt werden kann. Man kann auch nur schwach absaugen, so daß nur die alkoholische Lösung durch das Filter geht, dann die Vorlage wechseln und scharf absaugen, wobei dann der Teer für sich alleine erhalten wird. Die letzten Reste des Teers können durch ein Lösungsmittel aus dem Harnstoffaddukt ausgewaschen werden. Aus dem alkoholischen Filtrat werden durch Zusatz von Wasser die verzweigten Kohlenwasserstoffe abgeschieden. Man erhält also eine Zerlegung in 1. geradkettige Kohlenwasserstoffe mit einem Schmelzpunkt von 15°, 2. teerartige Bestandteile und 3. verzweigte Kohlenwasserstoffe mit einem Schmelzpunkt von —40°.

Die Fällung der n-Paraffinderivate mit Harnstoff ist zunächst ein diskontinuierlicher Prozeß. Inzwischen ist von der Shell Oil Co. (*3*) eine Versuchsfabrik errichtet worden, die im Maßstabe von etwa 300 l/Tag die Trennung von Erdölfraktionen in verzweigte und unverzweigte Anteile durchführt. Derartige Prozesse dürften z. B. für die Verbesserung der Octanzahl von Benzinen und für manche andere technische Probleme Interesse finden.

Wie schon aus den oben angeführten Beispielen hervorgeht, sind die Harnstoffaddukte im Laboratoriumsmaßstab für viele Zwecke verwendbar. Man kann z. B. gewisse sterische Fragen mit Hilfe von Harnstoff klären. So gibt die „cis"-9,10-Dioxystearinsäure aus Elaidinsäure ein Harnstoffaddukt, die entsprechende „trans"-Säure aus Ölsäure dagegen nicht (*118*). Die als Grundlage für manche Kunststoffe verwendeten Vinylester höherer Fettsäuren vermögen glatt Harnstoffaddukte zu bilden. Man kann das zur Trennung der geradkettigen Ester von verzweigten, aber auch zur Rückgewinnung des nach der Polymerisation übriggebliebenen Monomeren verwenden (*119*). Interessant ist auch, daß ungesättigte Fettsäuren in Form ihrer Harnstoffaddukte nicht oxydiert werden und auf diese Weise stabilisiert werden können (*102a*). Die chromatographische Trennung von Ölsäure und Elaidinsäure an Harnstoffsäulen ist teilweise gelungen (*75a*). Da Doppelbindungen sich auf die Addierbarkeit ungünstig auswirken, kann man auch gesättigte von ungesättigten Fettsäuren trennen (*102a, 108a*). Auch Ester von Dicarbonsäuren wie Bernsteinsäureester u. a. lassen sich von verzweigten Isomeren trennen (*74a*).

2. Thioharnstoff.

Die von ANGLA (*2*) gefundenen und von SCHLENK (*104*) untersuchten und aufgeklärten Thioharnstoffaddukte sind grundsätzlich

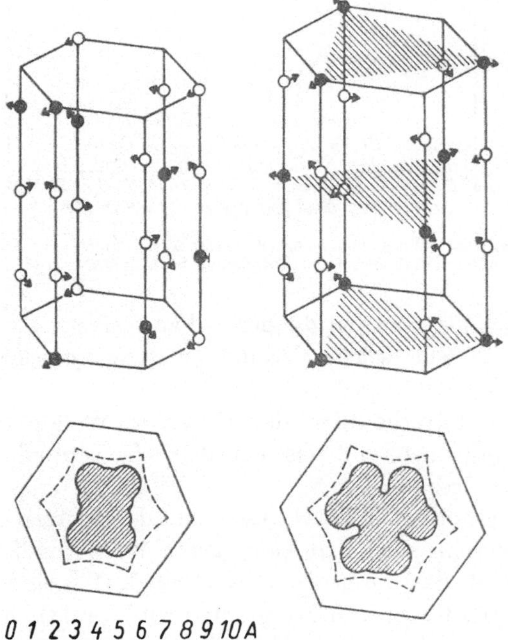

Abb. 8. Grundgitter der Harnstoff- (links) und Thioharnstoff-Addukte (rechts) nach SCHLENK (*104*) mit eingelagertem unverzweigtem bzw. mehrfach verzweigtem Paraffin. Links oben wird die hexagonale Schraubenachse sichtbar.

in der gleichen Weise aufgebaut. Nach C. HERMANN (*57*) existiert ein konstantes Grundgitter, in welches die verschiedensten Fremdmoleküle eingelagert werden. Dieses Gitter ist dem des hexagonalen

Harnstoffs sehr ähnlich, weist aber einen etwas größeren Kanaldurchmesser auf. Abb. 8 zeigt diese Verhältnisse deutlich (s. S. 23). Wie man feststellen kann, paßt z. B. Trimethylpentan, aber auch Cyclopentan und Dekalin noch in den Hohlraum hinein. Das beim Aufbau jedes beliebigen Gitters waltende Prinzip der maximalen Raumausnützung bzw. der dichtesten Packung bringt es mit sich. daß keine n-Paraffine eingelagert werden. In einem solchen Falle würde ja ein nicht ausgefüllter Hohlraum entstehen, weil der

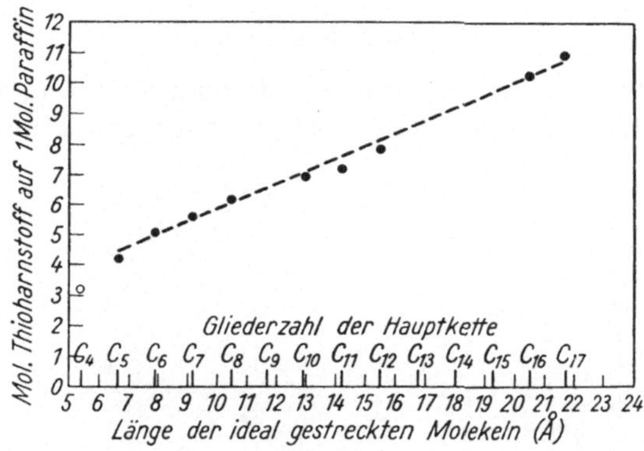

Abb. 9. Thioharnstoffaddukte von mehrfach verzweigten Paraffinen. Abhängigkeit des Molverhältnisses von der Kettenlänge nach SCHLENK (*104*).

Kanalquerschnitt von den dünnen n-Paraffinketten nicht erfüllt werden kann. Eine solche Verbindung ist energetisch nicht begünstigt und daher instabil.

Über die Molverhältnisse der Thioharnstoffaddukte mit verzweigten Paraffinen gilt das bei den Harnstoffaddukten mit n-Paraffinen Gesagte.

Der Gitterhohlraum der Harnstoffaddukte ist relativ homogen in seinen Begrenzungen, man kann das in ihm befindliche periodische Kraftfeld, das durch das abwechselnde Vorhandensein von C=O und NH_2-Gruppen hervorgerufen wird, praktisch als homogen betrachten. Dies ergibt sich aus den durch die röntgenographische Strukturanalyse gewonnenen Kenntnissen über die Anordnung der einzelnen Harnstoffmoleküle. Anders dagegen beim Thioharnstoff, hier liegen die Moleküle, die dem Innern des Hohlraumes das Schwefelatom zukehren, zu je dreien in horizontalen Ebenen, die 6,2 Å in Richtung *c* auseinander liegen. Diese Ebenen sind in Abb. 8 schraffiert eingezeichnet. Dieser Diskontinuität in der geometrischen Anordnung der Moleküle entspricht selbstverständlich eine gleiche periodische Änderung des Potentialfeldes in Richtung *c*. Diese Diskontinuität in den Hohlräumen des Grundgitters der Thioharnstoffaddukte wirkt sich in bestimmten

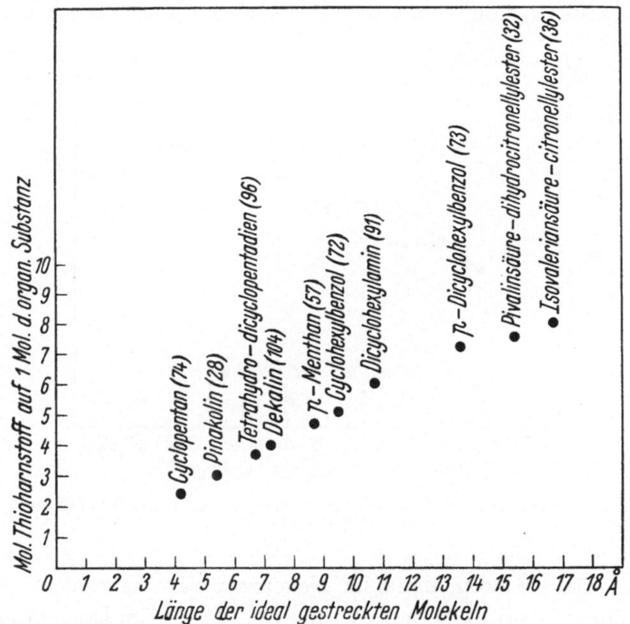

Abb. 10. Thioharnstoffaddukte von cyclischen und mehrfach verzweigten aliphatischen Verbindungen verschiedener Art. Abhängigkeit des Molverhältnisses von der Moleküllänge nach SCHLENK (*104*).

Fällen in einer anomalen Zusammensetzung der Addukte aus: Die Addukte mit ω, ω'-Dicyclohexylparaffinen zeigen nämlich keinen stetigen Anstieg des Molverhältnisses mit wachsender Paraffinkettenlänge. Bei 6 und 9 Mol Thioharnstoff auf 1 Mol Paraffin bleibt der Wert stehen (vgl. Abb. 11).

Das kann man mit SCHLENK auf folgende Weise erklären: Äquipotentialflächen mit dem Abstand 6,2 Å stellen Zonen maximaler Attraktion dar. Auf *einen* solchen Abstand fallen aber im Gitter *drei* Moleküle Thioharnstoff. Moleküle wie die Dicyclohexylparaffine, die ja dicke und dünne Stellen haben, werden nun mit ihren dicken Stellen die Zonen maximaler Attraktion aufsuchen, auf diese Weise wird ja mehr Energie gewonnen. Diese Stoffe liegen also nicht frei im Kanal, sondern sind an bestimmten Stellen fixiert. Bei Dicyclohexylmethan entspricht die Erfüllung der Kanalstrecke von 12,5 Å = 6 Thioharnstoff der ideal gestreckten Gestalt des Moleküls. Daß Dicyclohexyläthan und -propan mit der gleichen Kanalstrecke auskommen, läßt sich durch Zusammenschieben der

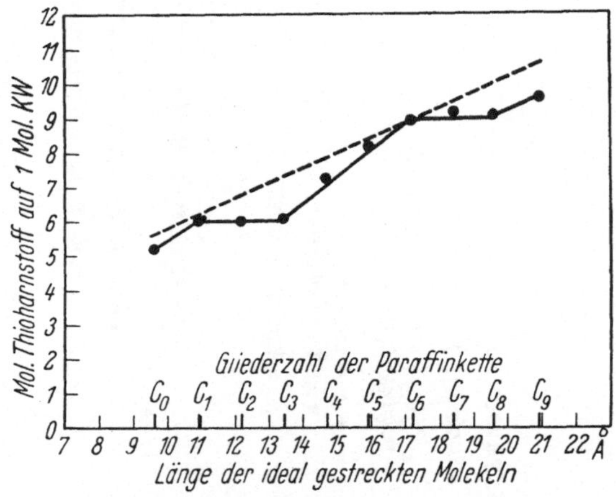

Abb. 11. Unstetigkeit des Molverhältnisses bei ω, ω'-Dicyclohexyl-Paraffinen, nach SCHLENK (*104*).

Paraffinkette erklären, denn im Gegensatz zum Harnstoff ist ja beim Thioharnstoff Platz dafür vorhanden. Erst beim Dicyclobutan wird es auch dafür zu eng, der eine Cyclohexylrest muß seinen Platz maximaler Attraktion aufgeben, das Molverhältnis steigt wieder so lange, bis der Cyclohexylrest erneut eine Stelle maximaler Attraktion erreichen kann, nämlich bei 18,7 Å = 9 Thioharnstoff. Man könnte sich auch denken, daß die eingeschlossenen Moleküle den energetischen Verhältnissen in der Weise gerecht werden, daß solange Lücken bestehen bleiben, bis sich die Paraffinkette mit ihrer dicken Stelle an einer Stelle maximaler Attraktion festsetzen kann, also nicht durch Zusammenschieben, sondern durch Aussparen. Dieser Mechanismus ist indes beim Thioharnstoff nicht in Tätigkeit, sondern wird bei einem anderen Vertreter der Kanaleinschlußverbindungen verwirklicht, bei den Choleinsäuren.

Bei den Addukten mit nicht ganzzahligen Molverhältnissen tragen die eingeschlossenen Moleküle nicht zum Grundgitter bei, zeigen also auch im Drehdiagramm des Grundgitters keine zugehörigen Interferenzen. Hier müßten, wie bei den Harnstoffaddukten eindimensionale Schichtlinien auftreten, die allerdings bisher noch nicht gefunden worden sind. Bei den ganzzahligen Molverhältnissen 6:1 und 9:1 sind aber die Moleküle in bestimmten Lagen fixiert, gehören also zum Thioharnstoffgitter·dazu. Die an den Haltepunkten der Kurve in Abb. 11 liegenden Paraffinderivate tragen daher Überstrukturinterferenzen zum Drehdiagramm bei (*57*).

Die Klasse der zur Thioharnstoffaddition befähigten Moleküle ist nicht ganz so übersichtlich wie bei den Harnstoffaddukten. Auch hier sind es die räumlichen Faktoren, die entscheidend für die Additionsfähigkeit sind. Allerdings stören auch gewisse funktionelle Gruppen die Addierbarkeit. So behindern mehrere OH-Gruppen die Ausbildung von Addukten. Weiterhin ist es schwer, Äthylenbindungen einzuschließen. Einschlußverbindungen von Thioharnstoff mit Carotinoiden herzustellen ist nicht gelungen (*32*). Eine Begründung dafür wird weiter unten gegeben werden. SCHLENK unterscheidet drei Fälle von Addierbarkeit.

1. Spontanaddition: Eine Verbindung wird für sich allein von Thioharnstoff addiert.

2. Einschleppung: Eine nicht spontan addierbare Verbindung wird bei Gegenwart eines Spontanaddenden mit in das Gitter eingeschlossen.

3. Nichtaddition.

Für Spontanaddition gilt folgendes: Unter den·aliphatischen Verbindungen werden meist nur solche addiert, welche mindestens zwei seitliche Methylgruppen oder gleichgroße Gruppen enthalten. Der einzige bisher beobachtete Spontanaddend mit nur einer Seitengruppe scheint 2-Brom-Octan zu sein, das jedoch leicht dissoziiert. Je mehr Seitengruppen vorhanden sind, um so stabiler ist das Addukt, größere Seitengruppen, z. B. Äthyl oder Isopropyl stören die Addition. Das bisher kleinste additionsfähige aliphatische Molekül ist Chloroform (*2*). Das bisher längste addierte ist 2,6,9,12,16-Pentamethyl-heptadecan mit ungefähr 22 Å Länge. Die Bindungsfestigkeit wächst mit der Länge der Gastmoleküle. Ebenfalls von Einfluß auf die Bindungsfestigkeit ist die Stellung der Seitengruppen zueinander. Während alle bisher untersuchten 2,3-, 2,5-, 2,6-, 2,7-, 2,8-, 2,9- und 2,10-Dimethylparaffine addierbar sind, konnten bisher keine 2,4-Dimethylparaffine eingelagert werden. Eine dritte Methylgruppe in den 2,4-Dimethylparaffinen an beliebiger Stelle macht sie jedoch additionsfähig. Bei cyclischen Verbindungen lassen sich die gesättigten leichter als die ungesättigten und aromatischen Systeme addieren. Bei den Cycloparaffinen sind alle bisher untersuchten Spontanaddenden (Cyclopentan bis Cyclooctan). Heterocyclen sind größtenteils nicht addierbar, auch solche nicht, die räumlich und nach Sättigungsgrad geeignet erscheinen. Addierbar sind allerdings 2,2,4,4-Tetramethyltetrahydrofuran und 4,4-Dimethyldioxan-1,3. Unter den Benzolderivaten sind Benzol selbst und seine einfachen niederen Homologen nicht spontan addierbar. Einführung von verzweigten Alkylgruppen oder Cycloparaffinresten führt Additionsfähigkeit herbei. Bei gesättigten kondensierten cyclischen Systemen findet man durchweg Addierbarkeit. Die rein aromatischen Verbindungen wie Naphthalin und Anthracen werden dagegen nicht addiert, auch nicht Tetrahydronaphthalin. Im Gegensatz zum Benzol bewirkt aber eine einfache Methylverzweigung im Naphthalin bereits Additionsfähigkeit. 1-Methylnaphthalin, 2-Methylnaphthalin, 2,3-Dimethylnaphthalin und 1,6-Dimethylnaphthalin sind Spontanaddenden.

n-Paraffine sowie Benzol werden leicht eingeschleppt. Bezüglich der Eignung als „Schlepper“ gilt wie bei der Harnstoffaddition, daß ein Spontanaddend desto bereitwilliger andere Moleküle miteinschleppt, je geringer sein eigenes Additionsbestreben ist. Bezüglich der Folgewilligkeit der Begleiter gilt die in der unten angeführten Tabelle gezeigte Reihenfolge.

Einschleppeffekt bei Thioharnstoffaddition.

Schlepper nach der Wirksamkeit geordnet:

Diisobutylen > Isooctan > Triisobutylen > 2,2,3-Trimethylbutan > Decahydronaphthalin > Cyclohexan > Dicyclohexyl.

Begleiter nach der Folgewilligkeit geordnet:

1,3-Dimethylcyclohexan > Dipenten > Benzol > 3-Methylheptan > Heptan > Decan > Octen-(1) > Toluol > m-Xylol > o-Xylol > p-Xylol.

Die Darstellung der Thioharnstoffaddukte erfolgt analog wie die der Harnstoffaddukte, man kann also direkt die beiden Komponenten zusammengeben, mit methanolischer Thioharnstofflösung arbeiten oder mit einem inerten Lösungsmittel verdünnen. Häufig empfiehlt sich auch die Anwendung tieferer Temperaturen.

Trennung von 2,2,3-Trimethylbutan und Octen-(1) (*9f*). 50 Gewichtsteile eines Gemisches aus 15% 2,2,3-Trimethylbutan und 85% Octen-(1) werden mit 17,5 Teilen feingepulvertem Thioharnstoff und 1 Teil Methanol 5 Std. kräftig gerührt. Nach Abtrennen der festen von den flüssigen Stoffen durch Abnutschen erhält man ein Filtrat, das zu 98% aus reinem n-Octen besteht. Der Filterkuchen wird bei 50° mit 200 Teilen Wasser behandelt, wobei der Thioharnstoff in Lösung geht, während sich das Trimethylbutan mit einer Reinheit von etwa 90% auf dem Wasser abscheidet.

Trennung von Dekalin und Tetralin (*9f*). 100 Gewichtsteile eines Gemisches aus 8% Dekahydronaphthalin und 92% Tetrahydronaphthalin werden mit 50 Gewichtsteilen ges. methanolischer Thioharnstofflösung und 20 Teilen kristallisiertem Thioharnstoff 5 Std. geschüttelt. Das erhaltene Dekalinaddukt wird abgesaugt und das Filtrat nochmals mit 20 Teilen Thioharnstoff in der gleichen Weise behandelt. Aus den vereinigten Filterkuchen erhält man durch Zersetzen mit Wasser reines, tetralinfreies Dekalin. Aus dem Filtrat kann man Tetralin isolieren, das weniger als 3% Dekalin enthält.

Trennung von Chlorbenzol und Tetrabromkohlenstoff (*9g*). Ein Gemisch aus 110 Teilen Chlorbenzol und 15 Teilen Tetrabromkohlenstoff wird mit 35 Teilen fein gepulvertem Thioharnstoff und 2 Teilen Methanol 12 Std. geschüttelt. Der Niederschlag wird durch Abnutschen von der Flüssigkeit getrennt und mit etwa 250 Teilen heißem Wasser zersetzt. Dabei geht der Thioharnstoff in Lösung und Tetrabromkohlenstoff (etwa 12 Teile) scheidet sich ab. Das Filtrat besteht zu 98% aus Chlorbenzol.

Es ist aber auch möglich, die Behandlung mit Harnstoff und Thioharnstoff zu kombinieren und damit noch günstigere Trenneffekte zu erzielen (*9h*). Man kann also erst mit Thioharnstoff die Hauptmenge der verzweigten Kohlenwasserstoffe und anschließend mit Harnstoff die unverzweigten abtrennen oder umgekehrt. Wenn z.B. bei einer Thioharnstoff-Fällung die nicht mit Thioharnstoff reagierenden Bestandteile stark angereichert sind, so erfolgt die Adduktbildung dieser letzten Reste mit Thioharnstoff wesentlich schwerer. Man kann dann eine oder mehrere Harnstoffbehandlungen zwischenschalten und dadurch die thioharnstoff-affine Komponente so anreichern, daß sie ausgefüllt werden kann. Diese Behandlung kann man mehrfach wiederholen. Dabei kann es zweckmäßig sein, in weiteren Stufen jeweils nur mit soviel Harnstoff- bzw. Thioharnstoffzusatz zu arbeiten, daß die Zusammensetzung des Gemisches nach Abtrennung der Addukte wieder der der Ausgangsmischung entspricht. Das Flüssigkeitsvolumen kann man durch frische Ausgangsmischung ergänzen.

Trennung von Isooctan und n-Heptan (*9h*). Ein Gemisch, das neben 66% Isooctan 34% n-Heptan enthält, wird mit gepulvertem, mit Methanol durchfeuchtetem Harnstoff geschüttelt. Nach Abtrennen der entstandenen Harnstoffaddukte erhält man ein Gemisch, das neben 80% Isooctan 20% n-Heptan enthält. Dieses Gemisch behandelt man nun mit Thioharnstoff. Man verwendet so viel davon, daß nach Abtrennung der Isooctanaddukte das Gemisch wieder etwa 66% Isooctan neben etwa 34% n-Heptan enthält. Dieses wird dann entweder zusammen mit frischem Ausgangsgemisch oder für sich mit Harnstoff behandelt, wodurch der Harnstoffgehalt wieder vermindert wird. Die Behandlung wird mehrmals wiederholt. Als Endprodukt erhält man reines Heptan und ein hochprozentiges Isooctan, das nur etwa 5% n-Heptan enthält.

3. Choleinsäuren.

Wie bereits erwähnt sind die Choleinsäuren die am längsten bekannten Einschlußverbindungen, ihre Zugehörigkeit zu einer neuen Verbindungsklasse ist jedoch erst mit den Arbeiten von SCHLENK erkennbar geworden. Sie wurden 1916 von H. WIELAND entdeckt und in der bekannten Arbeit „Die Choleinsäure als Typus“ (*123*) beschrieben. Vorher hatte man die aus Rindergalle isolierte Choleinsäure, die tatsächlich eine Verbindung aus Fettsäuren und Desoxycholsäure darstellt, für einen einheitlichen chemischen Körper gehalten. Das Versuchsmaterial über diese Verbindung ist im Laufe der Jahre sehr angewachsen und sie dürfte wohl der am besten untersuchte Vertreter der Einschlußverbindungen sein.

WIELAND erkannte, daß die Desoxycholsäure nicht nur mit den natürlicherweise in der Galle vorkommenden Fettsäuren zur Choleinsäure zusammentritt, sondern daß sie darüber hinaus mit einer großen Anzahl von anderen Fettsäuren, aber auch mit chemisch gänzlich anderen Molekülen zu Additionsverbindungen zusammenzutreten vermag. Auch hier ist die Kettenlänge der Fettsäure oder eines anderen Moleküls ausschlaggebend für die Zahl der zur Verbindungsbildung benötigten Desoxycholsäuremoleküle.

HO CH_3

CH_3 —CH_2—CH_2—COOH

H_3C

HO

Desoxycholsäure

Aus der Zahl der Verbindungen, die Choleinsäuren liefern, seien folgende genannt: Fettsäuren und deren Ester von der Propionsäure an, ungesättigte Fettsäuren, Dicarbonsäuren, Ketone, Alkohole, Paraffine (*95*), Xylol, Naphthalin, Benzaldehyd, Benzoesäure, Campher, Phenol, Carvon, Salol, Cholesterin, Phenanthren, Benzanthren, Anthracen.

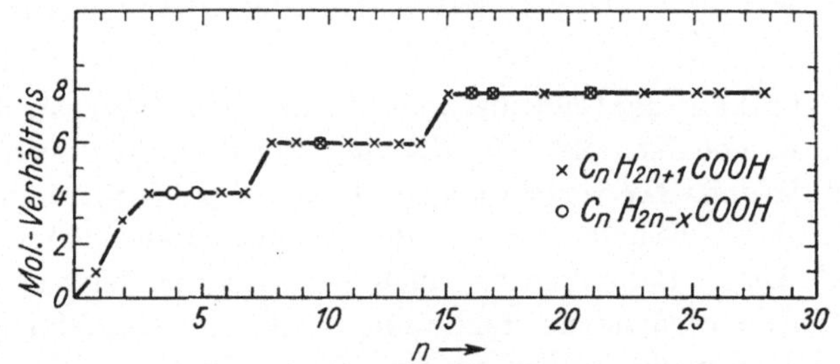

Abb. 12. Molverhältnis der Fettsäure-Choleinsäuren nach RHEINBOLDT (*93, 94*).

Das Molverhältnis ist bei den Choleinsäuren stets ganzzahlig, wie aus dem Diagramm der Abb. 12 hervorgeht.

Fettsäuren mit einer C-Atomzahl bis 8 binden 4 Moleküle Desoxycholsäure. Dann erfolgt ein Sprung und es werden bis C_{14} 6 Moleküle Desoxycholsäure benötigt. Ab C_{15} tritt dann offenbar nur noch das Molverhältnis 1:8 auf.

Diese Verhältnisse bilden einen deutlichen Unterschied zu den bisher behandelten Einschlußverbindungen. Aber auch schon bei den Thioharnstoffaddukten war die Zahl der gebundenen Thioharnstoffmoleküle nicht allein von der Kettenlänge des eingeschlossenen Restes abhängig. Nur für das Choleinsäureaddukt des Stearinsäureäthylesters und des Arachinsäureäthylesters (C_{26}) treten noch höhere Molverhältnisse auf (*48*). Hier findet sich das Molverhältnis 10:1 bzw. 12:1.

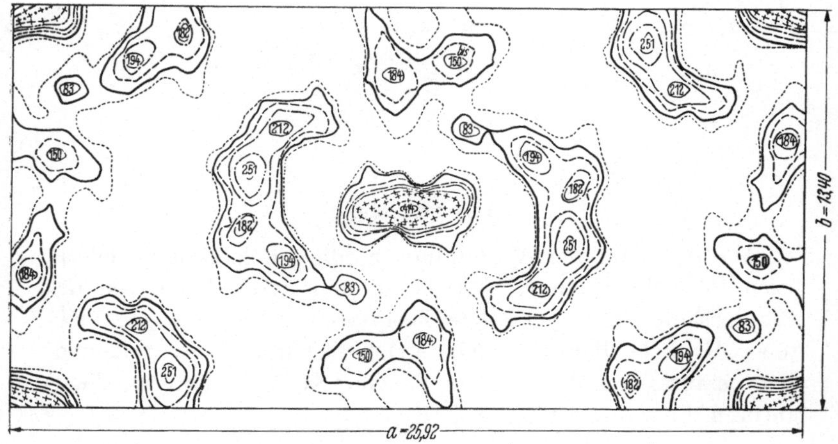

Abb. 13. Fourieranalyse der Fettsäure-Choleinsäure nach CAGLIOTI und GIACOMELLO (*19*).

Auch im Falle der Choleinsäuren brachte die Röntgenstrukturanalyse, die von KRATKY (*51a*, *65*) ausgeführt wurde, die endgültige Aufklärung. Die verschiedenen Fettsäurecholeinsäuren haben alle das gleiche Grundgitter mit der Elementarzelle 25,8 × 13,5 × 7,23 Å. Dieser Befund zwingt auch hier wieder zu der Annahme, daß im Gitter vorhandene Hohlräume für die Adduktbildung verantwortlich gemacht werden müssen. Nach KRATKY und GIACOMELLO (*65*) sind die Desoxycholsäuremoleküle so angeordnet, daß kanalförmige Hohlräume zwischen den halbrunden Molekülen frei bleiben. Das Ergebnis der Fourieranalyse zeigt Abb. 13.

Abb. 13 gibt die Projektion längs der c-Achse wieder. Um die im Zentrum befindliche Fettsäure sind 2 Moleküle Desoxycholsäure herumgelegt. Man blickt in Richtung der Fettsäurekette auf die Kanten der Desoxycholsäure. Die Maxima 212, 251, 182,

194, 83, 150 und 184 gehören zu einem Molekül, 150 stellt die Carboxylgruppe dar. Die Identitätsperiode in Richtung der c-Achse beträgt 7,22 Å. Auf einer Kanalstrecke von 7,22 Å befinden sich 2 Moleküle Desoxycholsäure mit *einer* Ebene maximaler Feldstärke bzw. Attraktion, auf der doppelten Strecke 4 Moleküle mit 2 Ebenen maximaler Attraktion und so fort. Auf diese Weise erklärt sich ein stets geradzahliges Molverhältnis (*105*). Ein Mol Önanthsäure (C_7) benötigt 12,57 Å Kanalstrecke, der Raum bis zur nächsten Identitätsperiode, 14,44 Å, bleibt leer. Es entfallen daher 4 Moleküle Desoxycholsäure auf 1 Molekül Önanthsäure. Bei Caprylsäure (C_8) beträgt die beanspruchte Länge 13,83 Å, auch hier kommt man daher mit 4 Wirtsmolekülen aus. Die für Pelargonsäure (C_9) nötige Länge ist mit 15,07 Å um einiges länger als zwei Identitätsperioden, das Molverhältnis macht einen Sprung, es werden daher 6 Wirtsmoleküle zum Einschließen benötigt. Diese Überlegungen gestatten nach SCHLENK (*104*) eine genaue Voraussage der Molverhältnisse bei den Fettsäurecholeinsäuren bis 20 C-Atomen. Der bis dahin gefundene experimentelle Wert von 8 : 1 wird dann nicht mehr überschritten. Vielleicht treten auch hier Zusammenschiebemechanismen wie beim Thioharnstoff auf. Auch diese Addukte stellen in noch ausgeprägterem Maße wie die Thioharnstoffaddukte einen Übergang zu den eigentlichen Molekülverbindungen dar.

Die Bindung zwischen den Komponenten ist in den Choleinsäuren wesentlich fester als in den bisher behandelten Einschlußverbindungen. So zeigen die Addukte charakteristische Schmelzpunkte, die höher liegen als die der reinen Komponenten, Desoxycholsäure 176—77°, Choleinsäure 186°.

Mit Hilfe dieses Prinzips lassen sich jedoch nicht alle Eigentümlichkeiten der Choleinsäurebildung erklären. Es wurde bereits darauf hingewiesen, daß die Koordinationszahl 8 : 1 im allgemeinen nicht überschritten wird, und zwar auch nicht bei Kohlenstoffketten von bis zu 43 C-Atomen (*95*). Die cis-trans-Isomeren Ölsäure und Elaidinsäure haben nach SOBOTKA die gleiche Koordinationszahl wie Stearinsäure (*111*). Cycloparaffinderivate haben nach BUU-HOI (*18*) die gleiche Koordinationszahl wie die entsprechenden offenkettigen Paraffine. Man könnte sich denken, daß die Paraffinketten in jedem Falle geknäuelt vorliegen, das widerspricht allerdings den oben angestellten Überlegungen, die im großen und ganzen eine richtige Voraussage gestatten. Außerdem scheinen mehrere Verzweigungen in einem Paraffin dessen Addierbarkeit zu verhindern, Hexamethyläthan bildet nach FIESER (*36*) keine Choleinsäure. Die Bildung von Choleinsäuren mit Molekülen, die die gleiche räumliche Größe wie das Desoxycholsäuremolekül selber haben, ist ebenfalls nicht mit dem Prinzip einer Kanaleinschlußverbindung auf Grund des KRATKYschen Strukturbildes vereinbar. So kann man nach FIESER mit Acenaphthen, Cholesterin und verschiedenen Alkaloiden Choleinsäuren herstellen, während Anthracen, 3,4-Benzpyren und Chrysen aus einer alkoholischen Desoxycholsäurelösung unverändert auskristallisieren (*36*). Man wird im Falle der Einschlußverbindungen mit kondensierten Ringsystemen wohl eher an eine Einschlußverbindung zwischen Schichten der Steringerüste denken können, jedoch sind diese Verhältnisse noch nicht näher untersucht.

Die Choleinsäuren lösen sich in wäßrigem Alkali ohne Dissoziation. Auf diese Weise können Fettsäuren und unlösliche Kohlenwasserstoffe in wäßrige Lösung gebracht werden, wie schon von WIELAND entdeckt wurde. Ursprünglich hatte man geglaubt, daß der eigentliche Komplex auch als Alkalisalz in wäßriger Lösung erhalten bliebe. Die gleiche löslichmachende Wirkung haben jedoch auch eine Reihe anderer Cholansäurederivate, bei denen bisher noch keine Fähigkeit zur Ausbildung fester Addukte festgestellt werden konnte, so die Cholsäure, die Tauro- und die Glykocholsäure sowie die Tauro- und Glykodesoxycholsäure. Es ist eine bisher noch ungelöste Frage, wie man sich die Struktur derartiger Lösungen vorzustellen hat. Es kann sich auch um eine Art Seifenwirkung des Natriumsalzes dieser Säuren handeln, da ja hier eine Kombination eines hydrophilen und eines lipophilen Molekülteils vorliegt. Neuerdings wurden eine ganze Reihe technischer Produkte nach dem gleichen Prinzip aufgebaut, wie die Mersolate (sulfochlorierte Naphthalinderivate) und das amerikanische Naxonate (xylolsulfonsaures Na).

Bisher hat man geglaubt, daß die Desoxycholsäure und die Apocholsäure die einzigen Sterinderivate seien, die Einschlußverbindungen bilden können. Cholsäure liefert aber ebenso wie Cortison (*10*) ein blaues Jodaddukt. Nach den Ergebnissen der Untersuchungen über die blauen Jodaddukte (s. S. 69ff.) muß man diese Addukte ebenfalls unter die Kanaleinschlußverbindungen rechnen. Demnach scheint die Fähigkeit dieser Verbindungsklasse Einschlußverbindungen zu liefern, nicht nur auf zwei Vertreter beschränkt zu sein. Ebenfalls ungeklärt sind die Addukte der Saponine und des Cholesterins.

Mit Hilfe von Choleinsäuren ist es SOBOTKA (*110*) gelungen, Racemate zu spalten. Desoxycholsäure hat also die Fähigkeit, einzelne optische Antipoden bevorzugt einzulagern, hierüber wird in Abschnitt IV (s. S. 78) näheres gesagt werden.

Eine Verbindung, die in einem Einschlußhohlraum liegt, wird durch die umgebenden Moleküle z. T. erheblich beeinflußt. So stellte SOBOTKA fest (*109*), daß enolisierbare Verbindungen in den Choleinsäuren in der Regel weitgehend enolisiert sind. Choleinsäuren mit Azofarbstoffen zeigen nach CILENTO (*20*) Spektralverschiebungen. Hierüber wird in Abschnitt VI (s. S. 87) näheres gesagt.

Zusammenfassend kann über diese Verbindungsklasse gesagt werden, daß es sich bei den Choleinsäuren zunächst um Kanaleinschlußverbindungen handelt, daß man aber zur Erklärung der Addukte mit großflächigen Ringmolekülen und mit Sterinen mit dieser Hypothese allein nicht auskommt.

4. 4,4'-Dinitrodiphenyl.

Aromatische Nitroverbindungen zeigen in ausgeprägtem Maße die Fähigkeit, organische Molekülverbindungen zu bilden. Hier sei nur die Fähigkeit der Pikrinsäure genannt, mit hochkondensierten Aromaten „Komplexe" zu bilden, so mit Carbazol, Anthracen, Phenanthren, Indol usw. (vgl. P. PFEIFFER, l.c., S. 335ff.). Azulen wird über seine Verbindung mit s-Trinitrobenzol gereinigt. In allen diesen Fällen handelt es sich um Stoffe mit einer größeren Zahl π-Elektronen, die mit elektrophilen Molekülen Komplexbildung eingehen können. Aromatische Nitroverbindungen sind ausgesprochen elektrophil, bei den meisten dieser Stoffe treten die Molverhältnisse 1:1 oder 1:2 auf, sie fügen sich also der WERNERschen Koordinationslehre.

Außer diesen finden sich aber einige Verbindungen des 4,4'-Dinitrodiphenyls mit den Molverhältnissen 1:3, 2:7, 1:4 und 1:5. Diese Verbindungen zeichnen sich außerdem durch besondere Stabilität und hohen Schmelzpunkt aus. In der folgenden Tabelle seien einige Verbindungen dieses Typs nach RAPSON, SAUNDER und STEWART (*91*) aufgeführt, und zwar in der Reihenfolge der Länge des Addenden.

Tabelle 6. *Addukte des 4,4'-Dinitrodiphenyls mit folgenden Diphenylen.*

Addend	Schmp.°	Molverhältnis		Farbe	Länge des Gastes in Å
		gef.	ber.		
4,4'-Diacetoxy- . .	224—226	5:1	4,9:1	creme	17
4-Acetoxy- . . .	191—221	4:1	3,9:1	creme	14,5
N, N-N', N'-tetramethylbenzidin .	233	4:1	4,1:1	tiefrot	15,3
4,4'-Dimethoxy- .	216—218	4:1	4:1	kanariengelb	14,0
Benzidin-	240	4:1	3,8:1	rot	13,9
4-Jod-	192—220	3,5:1	3,5:1	fahlgelb	13,1
4-Brom-	192—220	3,5:1	3,5:1	creme	12,8
4,4'-Dioxy- . . .	249—250	3:1	3,4:1	orange	12,5
4-Amino-	220	3:1	3,2:1	orange	12,2
4-Oxy-	228—230	3:1	3,2:1	gelb	11,9
Diphenyl selbst . .	191—220	3:1	2,9:1	creme	10,7

Mehrere dieser Verbindungen wurden röntgenographisch untersucht, und die Strukturanalyse ergab, daß sie sämtlich dem gleichen Typ angehören, von dem in den einzelnen Fällen nur geringfügige Abweichungen auftreten. Das Ergebnis der Fourieranalyse in schematisierter Form zeigt Abb. 14.

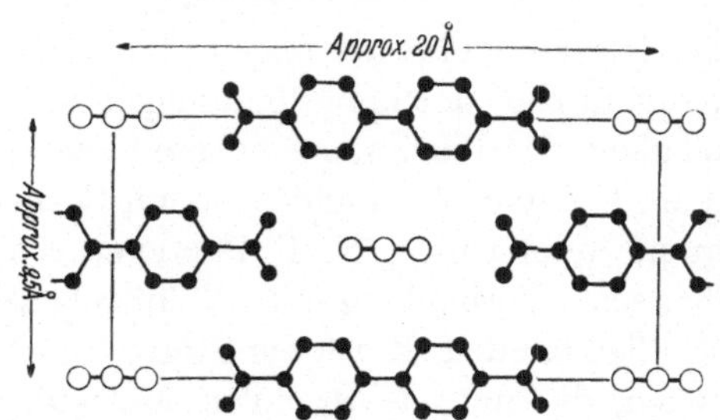

Abb. 14. Idealisiertes Strukturbild der Dinitrophenyladdukte nach RAPSON, SAUNDER und STEWART (*91*).

Die einzelnen Dinitrophenmoleküle liegen zu Säulen gepackt im Abstand von 3,7 Å parallel übereinander. Die einzelnen Säulen sind so nebeneinander gestellt, daß zwischen ihnen noch Raum freibleibt. In der Abbildung sind die Dinitrodiphenyle schwarz gezeichnet. Der auf diese Weise freibleibende kanalartige Raum wird nun von den Gastmolekülen ausgefüllt, die Kanäle verlaufen senkrecht zur Abbildungsebene. Die genauere Auswertung(*92*) hat ergeben, daß die Wirtsmoleküle nicht genau senkrecht übereinander, sondern gegeneinander versetzt liegen. Deshalb durchlaufen die Kanäle den Kristall in einem schwach geneigten Zickzack, wobei jeweils das nächste Gastmolekül um die halbe Breite des Benzolringes gegen das vorherige verschoben ist. Es liegen immer drei Dinitrodiphenyle senkrecht übereinander, dann kommt eine Verschiebung und damit ein Knick im Kanal usw. Die Länge des ungeknickten Kanalstückes entspricht etwa der Länge eines eingelagerten Moleküls und der Dicke von drei Wirtsmolekülen $= 3 \cdot 3{,}7$ Å. Die Verhältnisse sind bei den einzelnen Addukten etwas verschieden und hängen von der Länge des eingelagerten Stoffes ab, insbesondere können die Winkel der Knicke variieren. Das Strukturbild der Abb. 14 gilt jedoch für alle genannten Einschlußverbindungen.

Wie aus der vorhergehenden Tabelle ersichtlich wird, stimmen auch hier die errechneten Molverhältnisse mit den tatsächlich gefundenen weitgehend überein. Die Berechnung erfolgte ausschließlich auf der Grundlage räumlicher Betrachtungen und auf Grund eines Schichtabstandes der Dinitrodiphenyle von 3,7 Å.

Als Addenden sind bisher nur Diphenylderivate untersucht worden. Auch bei den Dinitrodiphenyladdukten treten sicher Wechselwirkungen zwischen den Wirts- und Gastmolekülen auf, denn es zeigen sich charakteristische Änderungen der Farben der Einschlußverbindungen gegenüber den Farben der einzelnen Komponenten. Auch die Ganzzahligkeit der Molverhältnisse erfordert nach den oben angestellten Überlegungen solche Wechselwirkungen. Allerdings beträgt die Entfernung zwischen den Partnern an keiner Stelle weniger als 3 Å, so daß nur weitreichende Kräfte in Frage kommen. Bei Annahme von derartigen Kräften ist es erklärlich, daß die Addukte von Benzidin und Tetramethylbenzidin die höchsten Schmelzpunkte haben. Diese Amine sind starke Donatoren, die Wechselwirkung und der damit erzielte Energiegewinn beim Zusammentreten mit den elektrophilen Nitrogruppen ist hier am stärksten.

5. Hydrochinonclathrate.

Alle Phenole vermögen eine große Zahl von Komplexverbindungen einzugehen (P. Pfeiffer, l. c., S. 330). So vereinigen Phenole sich mit Aminen, Pyridinverbindungen, Chinolinderivaten,

Acridin, Alkaloiden u. a. m. Diese den normalen Molekülverbindungen angehörenden Stoffe sollen hier außer Betracht bleiben.

Hydrochinon kristallisiert normalerweise als sog. α-Hydrochinon mit einem Schmelzpunkt von 172,3°. Außerdem gibt es noch das durch Sublimation erhältliche γ-Hydrochinon. Wenn man Hydrochinon aus Methanol umkristallisiert, fällt es in der ebenfalls lange bekannten β-Modifikation an, die auf drei Moleküle Hydrochinon ein Molekül „Kristallalkohol" enthält. Zu diesem Verbindungstyp gehören auch die Verbindungen des Hydrochinons mit SO_2, H_2S, Blausäure u. a.

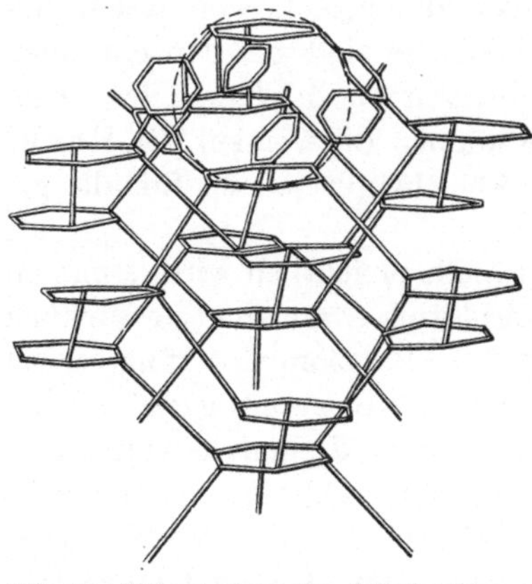

Abb. 15. Gitterstruktur des β-Hydrochinons nach POWELL (*81*). Die Benzolreste sind nur im obersten Teil des Bildes eingezeichnet. Im übrigen bedeuten die langen Striche je einen Benzolkern.

Dieses β-Hydrochinon wurde von POWELL untersucht. Zunächst erwies sich, daß alle Addukte dem gleichen Kristallsystem angehören und die gleiche Elementarzelle besitzen. Die Fourieranalyse wurde am SO_2-Addukt ausgeführt, das Ergebnis der Analyse ist in Abb. 15 wiedergegeben.

Die schematische Darstellung von Abb. 15 zeigt das Gitter der Clathrate, wobei nur im oberen Teil die Hydrochinonmoleküle vollständig eingezeichnet sind. Die Sauerstoffatome von je 6 Hydrochinonmolekülen liegen in der Ebene eines Sechseckes und sind durch Wasserstoffbrücken verknüpft. Diese Sauerstoffsechsringe bilden den Boden eines jeden Käfigs, die Sauerstoffatome werden abwechselnd von dem oberen und dem unteren Käfig geliefert, wie man am besten aus dem unteren Teil des Bildes entnehmen kann. Die so aufgebauten Moleküle bilden ein räumliches Netzwerk, das durch Wasserstoffbrücken ziemlich fest zusammengehalten wird. Zwei derartige Netzwerke sind auf jeweils halber Höhe ineinander gestellt. In diesem weitmaschigen Netzgefüge existieren Hohlräume, in denen kleinere Moleküle vollkommen eingeschlossen werden können. Ihr Entweichen wird durch die Maschen des Netzes verhindert. POWELL bezeichnet diese Verbindungsklasse als Clathrate [von griech. $K\lambda\tilde{\eta}\vartheta\varrho o\nu$ = Schloß bzw. lat. (Lehnwort) clat(h)ratus = vergittert]. Die auf den ersten Blick etwas unübersichtliche Struktur ist schematisch in Abb. 16 gezeigt.

Da die eingeschlossenen Moleküle hier in bestimmten Punktlagen fixiert sind, treten ihre Elektronendichten und damit ihre Plätze in der Mitte des Käfigs bei der Fourierprojektion auf.

Das Gitter enthält nach den Berechnungen 7,5% Hohlraum, wobei auf je 3 Hydrochinonmoleküle immer ein Hohlraum entfällt. Folgende Gastmoleküle sind bisher eingeschlossen worden: SO_2, Methanol, Acetonitril, Ameisensäure, CO_2, O_2, HCl, HBr, H_2S, Acetylen. Auch Mischaddukte von SO_2 mit Methanol oder HCl sind möglich. Interessant ist hier die Bildung von Gas-Einschlußverbindungen, besonders von Edelgasen nach POWELL (*88*). Helium und Neon sind noch zu klein für die Hohlräume. Wenn man aber Hydrochinon unter 40 at Argon, Krypton oder Xenon umkristallisiert, erhält man die entsprechenden Einschlußverbindungen, in denen sich die Gasmoleküle „unter hohem Druck" befinden. Beim Auflösen sprudelt das Edelgas heraus und kann volumetrisch bestimmt werden. Die VAN DER WAALschen Radien der Edelgase betragen:

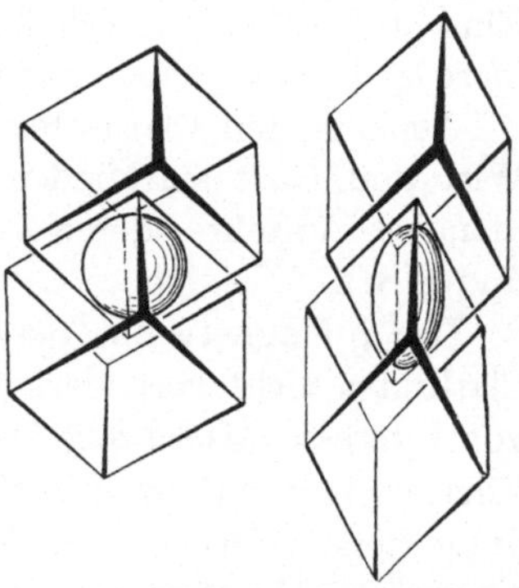

Abb. 16. Links schematische Darstellung der normalen Clathrate, rechts der gedehnte Hohlraum nach POWELL (*81*).

Ne 1,61 Å
Ar 1,9 Å
Kr 2,0 Å
X 2,2 Å

Vom Argon ab wird das Clathrat gebildet.

Wenn etwas größere, vor allem längliche Moleküle eingeschlossen werden, so verzerrt sich das Gitter des β-Hydrochinons etwas. Die Elementarzelle wird in Richtung der c-Achse gedehnt, in Richtung der a-Achse etwas verkürzt. Dies ist vor allem beim Acetonitril-Addukt der Fall, dessen Gitter in Abb. 16 rechts schematisch wiedergegeben ist. Beim CS_2, dessen Molekül nur um weniges größer ist, kann man kein Clathrat mehr erhalten. Die Dehnung der c-Achse kann etwa 11% betragen.

Das ideale Molverhältnis bei den β-Hydrochinonverbindungen ist 3:1, da im Kristallgitter auf 3 Hydrochinmoleküle ein Hohlraum entfällt. Die tatsächlich erreichten Werte liegen jedoch stets unter diesem Maximalwert. Am besten ist die Besetzung beim Acetonitriladdukt, bei dem 0,99 Mol auf drei Hydrochinon eingeschlossen werden. Bei SO_2 sind es 0,88, bei CO_2 0,74, bei Kr 0,74, bei X 0,88 Mol. Das völlig leere β-Hydrochinon, das man durch vorsichtiges Abpumpen eines eingeschlossenen Gases aus der Einschlußverbindung erhalten kann, ist recht unbeständig, kollabiert leicht und geht in das Gitter der α-Form über.

Auch in den Clathraten müssen Wechselwirkungen zwischen Wirt und Gast stattfinden, das ergibt sich aus der Farbigkeit mancher Addukte, deren beide Komponenten farblos sind (SO_2 und HBr).

Der p-Magnetismus des Sauerstoffs ist im Hohlraum seines Clathrates nicht verändert (*34*). Diese Untersuchung ist insofern von Interesse, als sie zeigt, welche methodischen Möglichkeiten die Einschlußverbindungen bieten. In diesem Falle kann ein Gas unter hohem Druck ohne jede Vorsichtsmaßregeln wie ein vollkommen luftbeständiger Kristall gehandhabt werden.

6. Gashydrate.

Eine Reihe von Gasen und Flüssigkeiten bilden Hydrate aus. und zwar merkwürdigerweise gerade diejenigen, die sonst keinerlei Affinität zu Wasser haben. Auch die Edelgase besitzen ein Hydratbildungsvermögen, weshalb man ihnen gewisse Restaffinitäten zuerkannt hat. Wie aber v. STACKELBERG zeigen konnte, handelt es sich bei den Gashydraten in keinem Falle um Betätigung von Nebenvalenzen. Das hier zugrunde liegende Prinzip ist ebenfalls das des Käfigs, in dem das jeweilige Gas bzw. die Flüssigkeit eingeschlossen wird.

Es werden mindestens 6 Moleküle Wasser auf 1 Molekül Gas benötigt. Bei größeren Molekülen braucht man auch mehr Wasser. Das erste Hydrat dieser Art ist das schon vor 140 Jahren von DAVY untersuchte Chlorhydrat $Cl \cdot 6\,H_2O$. Die Fähigkeit zur Hydratbildung mancher Erdgasbestandteile wurde gelegentlich zu industriellen Trennungen ausgenutzt (*124*).

Die Röntgenstrukturanalyse und die zusammenfassenden Untersuchungen VON STACKELBERGs (*113*) haben alle diese Stoffe als Käfigeinschlußverbindungen aufgeklärt. Zunächst zeigte sich, daß alle Hydrate im wesentlichen das gleiche Kristallgitter besitzen, auch die Intensitäten aller Interferenzen sind gleich. Dies ist an sich sehr merkwürdig, da sich unter den Hydratbildern Moleküle mit so vollkommen verschiedenen Streuvermögen befinden wie leichte Edelgase und Methan einerseits und Br- und J-haltige Stoffe andererseits. Man muß daher annehmen, daß die Gastmoleküle nicht in bestimmten Punktlagen fixiert sind, sondern eine gewisse freie Beweglichkeit beibehalten.

Folgende Gashydrate sind bekannt:

Tabelle 7.

Gast	Sdp.° C des Gastes	Zers. Temp. bei 1 at in °C des Hydrates	Zers. Druck bei 0° C in at des Hydrates	Mol H_2O pro Mol Gast
Ar	—190	—42,8	105	6
CH_4	—161	—29,0	26	6
Kr	—152	—27,8	14,5	6
CF_4	—130			
X	—107	—3,4	1,5	6
Äthylen	—102	—13,4	5,5	6
Äthan	—93	—15,8	5,2	6
N_2O	—89	—19,3	10	6
PH_3	—87	—6,4	1,6	6
Acetylen	—84	—15,4	5,7	6
CO_2	—79	—24	12,4	6
CH_3F	—78		2,1	6
H_2S	—60	0,35	731 mm Hg	6
AsH_3	—55	1,8	613	6
C_3H_8	—45	0	760	6
H_2Se	—45	8	346	6
Cl_2	—33,6	9		6
C_2H_5F	—32	3,7	530	6
C_2F_4	—32			
CH_3Cl	—24	7,5	311	6
SbH_3	—17			
SO_2	—10	7	297	6
CH_3Br	4	11	187	8
CH_3SH	6			
ClO_2	10	15	160	6
C_2H_5Cl	13			15
C_2H_5Br	38			15
CH_2Cl_2	42			15
CH_3J	43			15
CH_3CHCl_2	57			15
Br_2	59			15
$CHCl_3$	61			15
SO_2Cl_2	69			15

Wie aus der vorstehenden Tabelle ersichtlich wird, existieren zwei Typen von Hydraten, die der kleineren Moleküle *(Gashydrate im engeren Sinne)* und die der größeren Moleküle *(Flüssigkeitshydrate)*, in denen auf ein Gastmolekül etwa 15 Wassermoleküle kommen. Diese beiden Typen weisen kristallographisch gewisse Unterschiede auf.

Bei den Gashydraten liegen in der Elementarzelle 46 Wassermoleküle und 8 Gasmoleküle. Die Wassermoleküle liegen an den

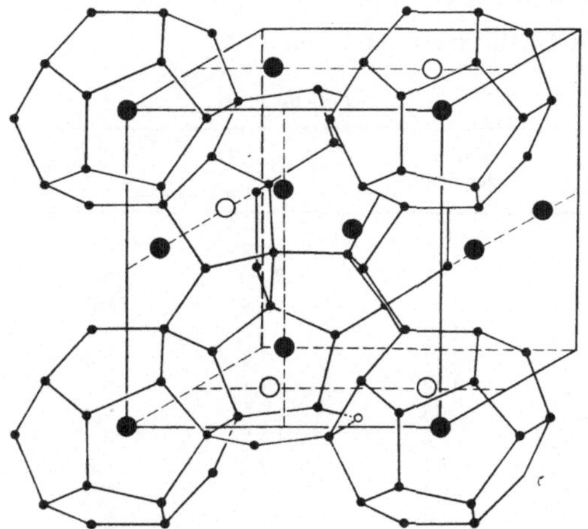

Abb. 17. Struktur der Gashydrate nach v. STACKELBERG (*113*). Um die Struktur übersichtlicher zu machen, sind nur die in der vorderen Hälfte der Elementarzelle liegenden Bestandteile gezeichnet.

Eckpunkten von Pentagondodekaedern, die Gasmoleküle befinden sich innerhalb derselben. In diesem Gitter hat jedes H_2O-Molekül 4 H_2O-Nachbarn in einer fast regulären Tetraederanordnung. Es liegt also tatsächlich eine Hohlraumstruktur vor ganz ähnlich wie in den Clathraten. Die Idealstruktur entspricht der Formel 8 Gas:46 H_2O bzw. 1 Gas:5,75 H_2O statt der meist analytisch gefundenen 6 H_2O. Dieser Unterschied liegt beinahe innerhalb der analytischen Fehlergrenze. Beim Krypton- und H_2S-Addukt wird der Wert 1:5,75 tatsächlich gefunden, bei den anderen Hydraten muß man jedoch einige Leerstellen annehmen. In dem Gitter befinden sich insgesamt pro Elementarzelle 6 große Hohlräume mit einem freien Durchmesser von 5,9 Å und zwei kleine mit einem freien Durchmesser von 5,2 Å. Das Gitter der Gashydrate zeigt Abb. 17.

Die Flüssigkeitshydrate kristallisieren ebenfalls kubisch. Pro Elementarzelle entfallen 136 H_2O-Moleküle mit 24 Hohlräumen, von diesen sind 8 größer und 16 kleiner. Die größeren haben die Koordinationszahl 28, d. h. sie sind von 28 Wassermolekülen umgeben, deren Schwerpunkte 4,4 Å vom Mittelpunkt des Hohlraumes entfernt sind. Das entspricht einem Hohlraumradius von 3,1 Å. Nur diese größeren Hohlräume sind normalerweise besetzt, woraus sich das Molverhältnis 8 : 136 = 1 : 17 (analytisch 1 : 15) ergibt. Die kleinen Hohlräume haben einen VAN DER WAALschen Radius von 2,4 Å. Diese kleineren Hohlräume sind offenbar für die Bildung der Mischhydrate aus großen und kleinen Molekülen verantwortlich. Häufig ist sogar ein „Hilfsgas" notwendig, um die Bildung eines Flüssigkeitshydrates zu ermöglichen. Als solche Stabilisatoren eignen sich He, Ne, Ar, O_2 und N_2. Das Jodhydrat ist ohne ein Hilfsgas nicht darstellbar. Die Fähigkeit zur Hydratbildung hängt nach dem Gesagten von der Molekülgröße ab. Diese Verhältnisse werden aus Abb. 18 deutlich.

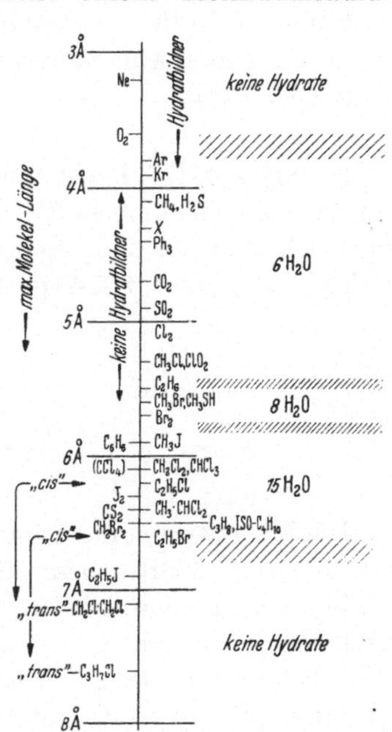

Abb. 18. Hydratbildung und Molekülgröße nach v. STACKELBERG (*113*).

Auch bei den Gashydraten ist eine nur teilweise Besetzung der Hohlräume möglich. Vom Chloroformhydrat, das nach dem v. STACKELBERGschen Strukturbild halbaufgefüllte Hohlräume enthält, ist schon lange bekannt, daß es entgegen allen Erfahrungen über Dissoziationsverhältnisse zerdrückbar ist, d. h. durch Druck wird die Zersetzungstemperatur stark herabgesetzt.

Polar gebundener Wasserstoff verhindert die Bildung von Gashydraten. So ist es nicht möglich, Hydrate von Halogenwasserstoffen, Alkoholen, Amiden oder Aminen herzustellen. Auch zur Wasserstoffbrückenbindung befähigte Stoffe wie Ketone usw. bilden keine Gashydrate. Offenbar wird durch Bildung von

H_3O-Ionen, aber auch schon durch Attraktionskräfte zwischen Wasser und Gastmolekül der geregelte Aufbau eines Einschlußgitters verhindert. Es sind also auch hier gerade die lipophilen Stoffe, die eingelagert werden, ähnlich wie bei den Cyclodextrinen (s. S. 49). Vielleicht sind auch bei den Cyclodextrinen die gleichen Gründe maßgebend: Die OH-Gruppen der Glucosereste treten mit den hydrophilen Stoffen wenigstens locker zusammen und verhindern so ein geregeltes Aufeinandertürmen der Dextrinringe zum kanalhaltigen Kristall.

7. 2′-Oxyflavane.

2′-Oxy-2,4,4,7,4′-pentamethylflavan. 4-Isopropenyl-m-kresol (I), das man leicht aus m-Kresol und Aceton erhalten kann, dimerisiert sich schon bei längerem Stehen, rascher beim Erwärmen mit HCl zu 2′-Oxy-2,4,4,7,4′-pentamethylflavan (II).

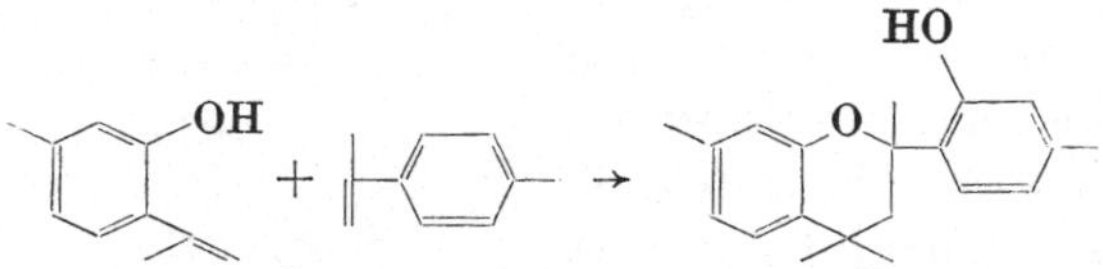

OH + → HO O

I II

Die Konstitution des Dimeren wurde von Baker (*4*) und Mitarbeitern aufgeklärt. Dieses Dimere ist in der Lage mit zahlreichen Verbindungen Komplexe im Verhältnis 1:1 zu bilden (*5*). Die Verbindungen sind nach Baker auf denkbar einfache Weise erhältlich und dienen zur Isolierung des zunächst ölig anfallenden Flavans. Mit folgenden Stoffen werden Verbindungen gebildet (siehe Tab. 8).

Ein Komplex mit Dioxan und Morpholin kristallisiert nur bei gleichzeitiger Anwesenheit von Wasser mit der Zusammensetzung 2 Mol Flavan : 1 Mol Dioxan : 2 Mol H_2O. Die Verbindung mit 2-Jodpyridin, die man durch Umkristallisieren bei Gegenwart von überschüssigem Jodpyridin erhält, hat normalerweise die Zusammensetzung 1:1. Wenn man sie umkristallisiert, verliert sie Jodpyridin und geht über in die Zusammensetzung 1,5:1. Man kann weiterhin ein Addukt 3,5:1 erhalten. Merkwürdigerweise haben alle drei Addukte den gleichen Schmelzpunkt. Man muß hier tatsächlich ein Einschlußgitter mit teilweise leeren Hohlräumen annehmen. Das sehr empfindliche Jodpyridin ist in Form der Einschlußverbindung vollkommen beständig.

Tabelle 8.

Verbindung	Schmelzpunkt°	Verbindung	Schmelzpunkt°
Reines Flavan . .	82—84	Addukte mit	
Addukte mit		Anilin	57
Diäthyläther . .	76—77	Pyridin	76
Diisopropyläther .	79—81	N-Äthylpyridin .	89
Diäthylketon. . .	79—81	2-Methylpyridin .	65
Diisopropylketon .	58—60	3-Methylpyridin .	56
Methylpropylketon	71—73	4-Methylpyridin .	81
Mesityloxyd . . .	45—47	2,4-Dimethylpyridin	85
Acetylaceton . .	63	2,6-Dimethylpyridin	88
Diäthylamin . . .	98	Chinolin	76
Diäthylmethylamin	76	Isochinolin. . . .	98
Triäthylamin. . .	55	2-Methylchinolin .	97
Diprophylamin .	51	2-Bromchinolin .	61
Diisopropylamin .	105	3-Bromchinolin .	51
Dibutylamin . . .	55	4-Jodchinolin . .	76
Di-sek.-butylamin	51	2-Chlorchinolin .	90
Cyclohexylamin .	74	(—)-Coniin. . . .	103
Benzylamin . . .	92		

2'-Oxy-2,4,4-trimethylflavan. Dieses Flavan (II) erhält man nach BAKER (7) in einer analogen Reaktion aus Isopropenylphenol (I), das sich zum Flavan dimerisiert.

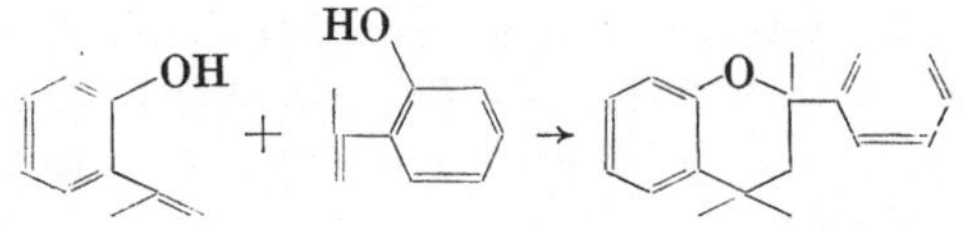

I II

Folgende Komplexe werden gebildet: Mit Dioxan Schmp. 143°, 2 Flavan : 1 Dioxan. Mit Morpholin Schmp. 147°, 2 Flavan : 1 Morpholin.

2'-Oxy-2,4,4,6,5'-pentamethylflavan. Durch Dimerisierung von 3-Isopropenyl-p-kresol (III) erhält man nach BAKER (7) das 2'-Oxy-2,4,4,6,5'-pentamethylflavan (IV).

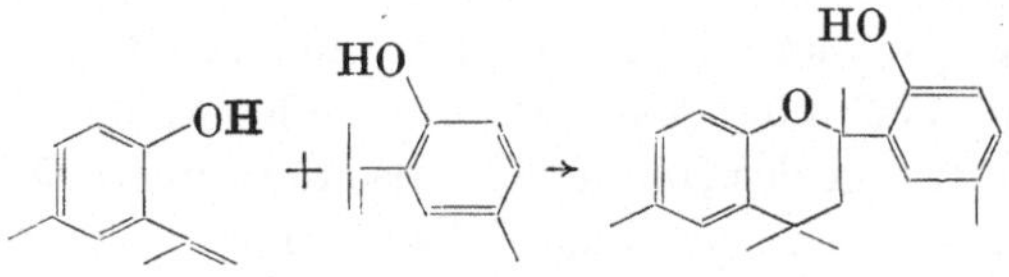

III IV

Dieses Flavan bildet folgende Komplexe aus:

Tetrahydrofuran	Schmp. 78°	1:1
Morpholin	110°	
Pyridin	102°	
Piperidin	102°	
Cyclohexylamin	70°	

2'-Oxy-2,4,4,8,3'-pentamethylflavan (V), das analog aus 3-Isopropenyl-o-kresol erhalten wird, bildet im Gegensatz zu den bisher aufgeführten Oxyflavanen trotz chemischer Ähnlichkeit keine Additionsverbindungen.

HO

O

V

Dafür muß nach BAKER die Methylgruppe in 8-Stellung verantwortlich gemacht werden. Alle Moleküle, die Verbindung eingehen, sind zumindest schwache Elektronendonatoren. Deshalb muß man annehmen, daß u. a. auch eine Salzbildung an der phenolischen 2'-Oxygruppe stattfindet oder aber an dieser Gruppe eine Wasserstoffbrücke geknüpft wird. Jedenfalls ist es wahrscheinlich, daß diejenigen Gruppen der Gastmoleküle, die einsame Elektronenpaare tragen, in der Nähe der OH-Gruppe liegen müssen. Wie die Verhältnisse an Stuartmodellen zeigen, wird der Zugang zu dieser Gruppe aber gerade durch eine Substitution in 8-Stellung erschwert.

Eine vollständige Aufklärung dieser Addukte kann erst die Fourieranalyse bringen.

Das bisher noch nicht bekannte 4'-Methylflavon bildet nach CRAMER (*32*) eine ausgezeichnet kristallisierende Verbindung mit Benzol.

8. Tri-o-thymotid.

SPALINO und PROVENZAL (*112*) hatten bei der Einwirkung von konz. Phosphorsäure als wasserentziehendem Mittel auf o-Thymotinsäure (2-Oxy-6-methyl-3-isopropylbenzoesäure I) zwei Produkte vom Schmp. 174° und 209° erhalten. Sie hielten diese beiden Stoffe für Homologe des Disalicylids, also für isomere Dithymotide. Die Autoren schlossen das aus Molekulargewichtsbestimmungen, die für *beide* Produkte das Dimere erwiesen. Tatsächlich handelt es sich aber bei der bei 174° schmelzenden Verbindung um das Trithymotid (II), wie BAKER (*6*) fand. Die früheren Autoren hatten eine Einschlußverbindung des Trithymotids mit Lösungsmittel in Händen. Durch den Lösungsmittelgehalt wurde das niedere Molekulargewicht nur vorgetäuscht. Wenn man Trithymotid aus Hexan umkristallisiert, schmilzt es bei 174°, es verliert erst nach tagelangem Trocknen bei 1 mm und 160° das eingeschlossene Hexan und hat dann den Schmp. 217°.

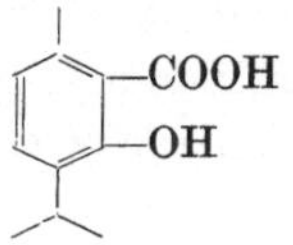

I

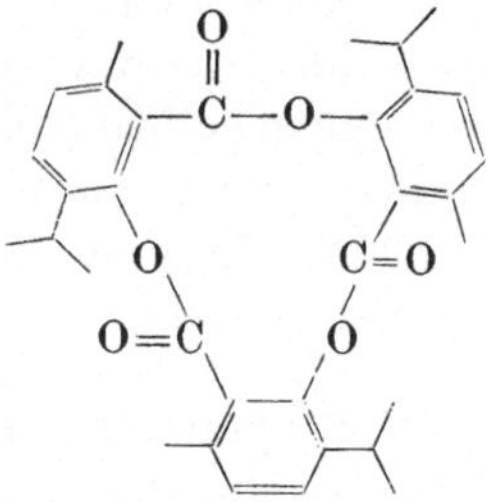

II

Die vorläufige Röntgenuntersuchung durch POWELL (*80*) macht das Vorliegen eines Hohlraumes sehr wahrscheinlich. Tri-o-thymotid läßt sich in optische Antipoden zerlegen (Abschnitt IV).

Folgende Addukte wurden hergestellt:

Petroläther 80—100°	Schmp.	172°	1:2
n-Hexan	„	174°	1:2
Äthanol	„	178°	1:2
Methanol	„	175°	1:2
m-Xylol	„	172°	3:4
p-Xylol	„	159°	1:1
Benzol			

Auch von anderen Phenolcarbonsäureanhydriden, die große Ringmoleküle bilden, sind Lösungsmitteladdukte bekannt. Die am längsten bekannte Verbindung dieser Reihe ist das nach ANSCHÜTZ (*2a*) mit 2 Mol Chloroform kristallisierende Tetrasalicylid. Tetra-o-cresotid kristallisiert ebenfalls mit 2 Mol Chloroform (*2b*). Diese Verbindungen wurden zeitweise zur Reinigung von Chloroform verwendet.

BAKER (*7a*) fand bei seinen Untersuchungen über makrocyclische Systeme, daß auch Tetra-m- und -p-cresotid Addukte mit 1 Mol Benzol liefern, ebenso Tetra-thiosalicylid (*7b*). Ob es sich bei diesen Verbindungen um Einschlußverbindungen handelt, kann letzten Endes erst eine röntgenographische Strukturanalyse entscheiden. Mit größter Wahrscheinlichkeit dürfte aber das Bauprinzip aller dieser Verbindungen dem des Trithymotids ähnlich sein.

Es sind einige weitere organische Verbindungen bekannt, die mit Lösungsmitteln relativ beständige Addukte bilden und bei denen die Möglichkeit besteht, das es sich hier um Einschlußverbindungen handelt. Diphenyljodoniumjodid bildet mit Jodoform eine Additionsverbindung, wenn die Komponenten in Methanol bei 50—60° zusammengebracht werden. Das Addukt kann aus Methanol umkristallisiert werden (*116a*). Pentaphenylantimon kristallisiert mit einem halben Mol Cyclohexan (*125a*). Conidendrin läßt sich aus wäßriger Lösung mit Trichloräthylen u. a. organischen Lösungsmitteln fällen (*71a*). Auch andere Lignane, wie Pinosyloin, bilden Lösungsmitteladdukte.

9. Dicyano-ammin-benzol-nickel.

Von K. A. Hofman wurde schon vor längerer Zeit das Nickelkomplexsalz $Ni(CN)_2NH_3C_6H_6$ gefunden, in dem sich das Benzol auch durch Thiophen, Furan, Pyrrol, Anilin und Phenol ersetzen läßt. Nach Powell (*87*) handelt es sich aber auch bei diesem Stoff um eine Käfigeinschlußverbindung. Danach bilden das Nickel und das Cyanid ein zweidimensionales Netzwerk der angezeigten Art.

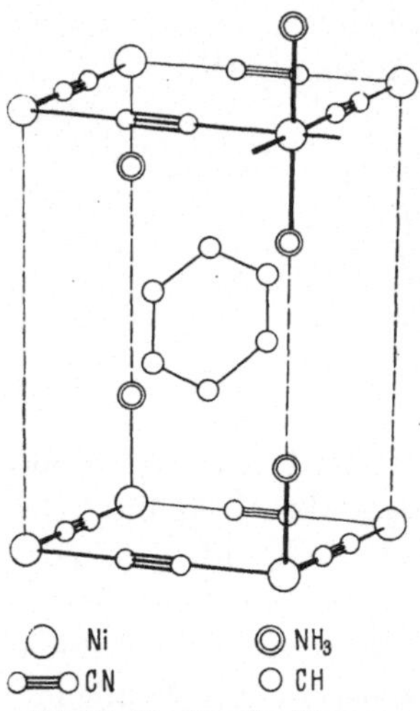

Abb. 19. Struktur des Dicyano-ammin-benzol-nickel [Powell (*87*)].

Die Ni-CN-Schichten begrenzen die Elemantarzelle, deren Ausdehnung in der C-Richtung 8,3 Å beträgt, d. h. die Ni-CN-Schichten liegen in 8,3 Å Abstand übereinander. Jedem zweiten Nickelatom gehören über und unter der Ebene 2 NH_3-Moleküle zu. In der Mitte der tetragonalen Elementarzelle liegen die Benzolmoleküle.

10. Basische Zinksalze saurer organischer Farbstoffe.

In den basischen Zinksalzen saurer Farbstoffe, z. B. des Naphtholgelb S [2,4-Dinitro-β-naphtholsulfonsäure-(*7*)], liegen nach FEITKNECHT (*35*) und McEVAN (*75*) die Zinkhydroxydschichten und die Farbstoffschichten in getrennten Ebenen. Die organischen Moleküle müssen großflächige Ringsysteme sein. Die allgemeine Formel dieser Verbindungen ist $4|Zn(OH)_2 \cdot Zn|^{++} \cdot$ $\cdot$ Farbstoff^{--}. Wahrscheinlich liegen die Farbstoffmoleküle flach ausgebreitet in vierfacher Schicht zwischen den $Zn(OH)_2$-Schichten, die Struktur dieser Stoffe ist jedoch noch nicht restlos geklärt. Zwischen den Schichten können noch zusätzlich neutrale Moleküle eingelagert werden, wobei die Schichtabstände bis zu einem bestimmten Sättigungswert wachsen, der Vorgang stellt eine Art Quellung dar. Die in Tab. 9 genannten Moleküle lassen sich einlagern.

Tabelle 9.

Eingelagerte Verbindung	Verlängerung des Ebenenabstandes in Å
Wasser	11,1
Methanol	8,2
Äthanol	11,2
Äthylenglykol	10,0
Glycerin	10,5
Acetonitril	4,1
Propionitril	5,5

Der normale Abstand der Ebenen beträgt 19,6 Å. Es werden also Verlängerungen des Abstandes über 50% beobachtet.

B. Moleküleinschlußverbindungen.

Hierher gehören nur die Cyclodextrine. Bisher sind keine anderen niedermolekularen Stoffe gefunden worden, die in einem einzigen Molekül einen einschließenden Hohlraum enthalten.

Cyclodextrine.

Beim Abbau der Stärke mit einer Amylase aus Bac. macerans erhält man cyclische Dextrine. Von SCHARDINGER (*100*) wurde das α- und β-Dextrin entdeckt. Späterhin wurde von FREUDENBERG (*41*) noch ein weiterer Vertreter dieser Klasse aufgefunden, das γ-Dextrin. Die Konstitution dieser Stoffe wurde von FREUDENBERG (*44, 46*) aufgeklärt. Bei den Cyclodextrinen handelt es sich um Ringe aus Glucoseresten, die durch Maltosebindung verknüpft sind (*42*). Die Molekulargewichtsbestimmung hat lange Zeit Schwierigkeiten bereitet, bis sowohl auf röntgenographischem [FRENCH (*40*), RUNDLE (*38*), BORCHERT (*13*)] wie kryoskopischem

[Freudenberg (*45*)] Wege einwandfrei die folgenden Molgewichte sichergestellt wurden:

α-Dextrin	6 Glucoseeinheiten
β-Dextrin	7 Glucoseeinheiten
γ-Dextrin	8 Glucoseeinheiten

$n = 4, 5, 6$

Strukturformel der Cyclodextrine

Die Molekulargewichtsbestimmung konnte noch durch eine weitere Methode ergänzt und die vorher gefundenen Ergebnisse sichergestellt werden (*32*).

Bei der vorsichtigen Hydrolyse kann man beim Abbrechen an einem bestimmten Punkt das offenkettige Dextrin der gleichen Gliederzahl neben bereits weiter abgebauten kürzer-kettigen Dextrinen und unverändertem Ausgangsmaterial fassen.

1 g β-Dextrin wird in 4 cm^3 0,001 n-Salzsäure 7 Std. am Rückfluß auf 100° erwärmt. Nach dem Abkühlen wird neutralisiert, das überschüssige β-Dextrin mit Toluol entfernt und i.V. eingedampft. Der hinterbleibende Rückstand wird in 1 cm^3 Wasser aufgenommen und der Papierchromatographie unterworfen. Als Lösungsmittel diente ein Gemisch von Butanol, Dimethylformamid und Wasser 50:25:25. Es wurde die Rundfilterchromatographie benutzt, weil damit wesentlich schärfere Trennungen zu erzielen waren [vgl. (*30*)]. Das Chromatogramm lief 8 Std. mit Papier Schleicher und Schüll 2045b, die Originalgröße beträgt 20 cm ⌀ (s. Abb. 20).

Der Zeitpunkt des Abbruchs der Hydrolyse war so gewählt worden, daß die ganze polymerhomologe Reihe in Erscheinung tritt. Da die Reihe beim Siebenerstück abbricht, kann man schließen, daß es sich um ein Dextrin aus 7 Glucoseresten gehandelt hat. Die Methode bietet ein relativ einfaches Mittel, um das Molgewicht von Polymerhomologen festzustellen, was mit anderen Methoden oft große Schwierigkeiten macht.

Die Cyclodextrine zeigen die Fähigkeit, mit zahlreichen organischen Stoffen zu unlöslichen Additionsverbindungen zusammenzutreten. Diese Eigenschaft ist um so merkwürdiger, als gerade besonders lipophile Moleküle mit den ausgesprochen hydrophilen Dextrinen zu unlöslichen Addukten zusammentreten. Die Addukte bilden sich im allgemeinen einfach beim Zusammengeben der

Komponenten und dissoziieren in wäßriger Suspension etwa bei 60—70°. In festem Zustande sind sie z. T. noch bei 100° im Vakuum beständig.

Bereits vor 15 Jahren wurde die Adduktbildung der Cyclodextrine von FREUDENBERG (*42*) auf das Vorliegen eines Hohlraumes in der Mitte des Ringes zurückgeführt.

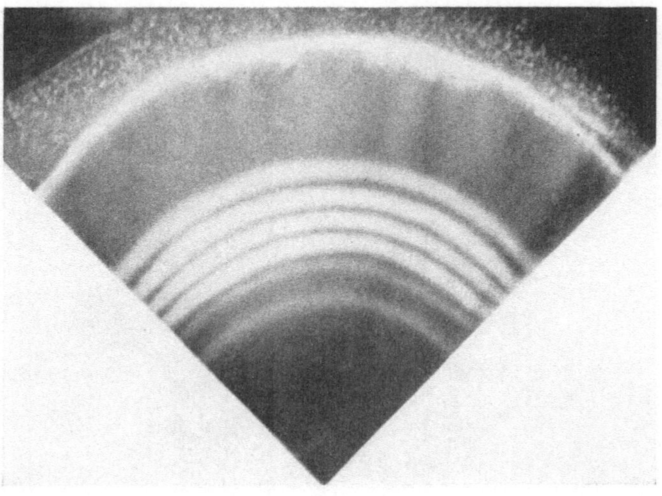

Abb. 20. Chromatogramm eines β-Dextrinhydrolysates nach CRAMER (*30*). Entwickelt wurde mit Anilinphthalat. Die Abbildung zeigt das Chromatogramm im UV-Licht. Von außen nach innen: Glucose, Maltose, Maltotriose, Maltotetraose, Maltopentaose, Maltohexaose (nur im Original gut sichtbar), Maltoheptaose.

Tatsächlich konnte gefunden werden, daß die Elementarzellen der Dextrine und ihrer Addukte sich nicht unterscheiden. Für die Bildung der Addukte wird also kein zusätzlicher Raum beansprucht, und dies bei einer Aufnahme von Fremdmolekeln bis zu 30 Gewichtsprozent. Das bedeutet aber, daß die Fremdmolekeln in bereits vorhandenen Hohlräumen untergebracht werden können. Als solche bieten sich natürlich dringend die beträchtlichen Innenräume der Ringe an. Die Ringe legen sich im Kristallgitter sehr wahrscheinlich geldrollenartig aufeinander, so daß Kanäle gebildet werden, die auch die Einlagerung von langkettigen Molekeln ermöglichen, also etwa von Paraffinketten. Bei den Harnstoffaddukten bildet sich das röhrenhaltige hexagonale Gitter nur aus, wenn einlagerungsfähige Komponenten angeboten werden. Im Falle der Cyclodextrine sind die Hohlräume von vornherein vorhanden, es handelt sich hier nicht um Gitter-, sondern um Molekülhohlräume. Das Gitter der Cyclodextrinaddukte ist deshalb auch bei nicht voller Besetzung stabil, der Normalzustand sind hier leere bzw. mit Wasser gefüllte Löcher. Es können deshalb in die Cyclodextrine Fremdmoleküle vom Wert 0 bis zu einem

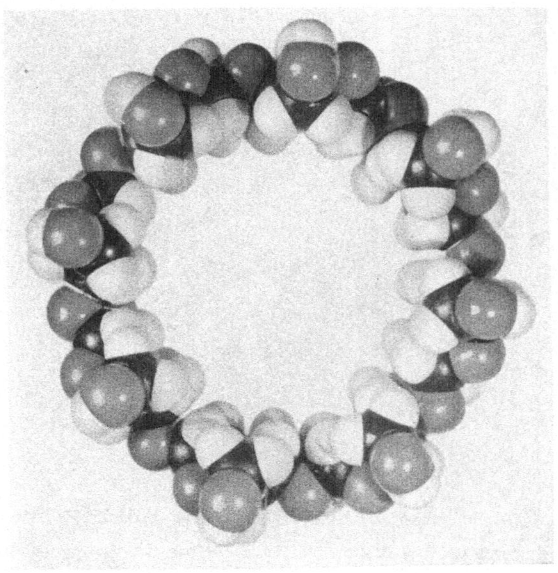

Abb. 21. Molekülmodell des γ-Dextrins nach FREUDENBERG (*46*).

Maximalwert eingelagert werden, der durch die räumlichen Verhältnisse des Hohlraumes begrenzt ist. Es gilt also bei den Cyclodextrinaddukten nicht mehr das Gesetz der konstanten Proportionen, das wir in den bisher behandelten Fällen stets noch gültig gefunden hatten. Es drängt sich hier die Frage auf, ob man derartige Addukte noch als Verbindungen bezeichnen darf.

Die Zahl der zur Einlagerung befähigten Stoffe ist hier noch größer als in den bisher behandelten Fällen. Besonders neigen halogenierte Paraffine zur Ausbildung von Cyclodextrinaddukten. Diese Tatsache wird seit langem zur Isolierung dieser Stoffe benutzt, die durch eine Fällung mit Trichloräthylen sofort in recht reinem Zustand aus der Enzymlösung abgetrennt werden können.

Die Addukte sind teilweise so stabil, daß sie aus Wasser unzersetzt umkristallisiert werden können. Man hat sich dabei wohl vorzustellen, daß in siedendem Wasser die Einschlußverbindung zwar dissoziiert, sich aber beim Abkühlen sofort wieder vereinigt. Auf diese Weise ist es erklärlich, daß Addukte von α- und β-Dextrin lange Zeit für selbständige Verbindungen gehalten wurden, nämlich das r- und s-Dextrin. Vor 2 Jahren konnte gezeigt werden, daß hier tatsächlich Einschlußverbindungen mit höheren Alkoholen vorliegen (*46*), dieser Fall ist durchaus in Parallele zu den Choleinsäuren zu setzen.

Die einzelnen Cyclodextrine verhalten sich nicht vollkommen gleichartig. α-Dextrin (Cyclohexaglucan) mit einem Kanaldurchmesser von 6 Å vermag nur kleinere Moleküle bis zur Größe eines räumlich nur wenig substituierten Benzolkernes einzulagern. β-Dextrin (Cycloheptaglucan, Hohlraumdurchmesser 7,5 Å) bildet Einschlußverbindungen auch noch mit Naphthalinderivaten, γ-Dextrin (Cyclooctaglucan, Hohlraumdurchmesser 9—10 Å) neigt nur noch wenig zur Bildung von Einschlußverbindungen, sein Hohlraum ist für die meisten organischen Verbindungen schon zu groß. Brombenzol kann nach FREUDENBERG (*44*) als Trennungsmittel verwendet werden, da in α-Dextrin wegen seines kleinen Hohlraumes keine Brombenzolmoleküle hineinpassen.

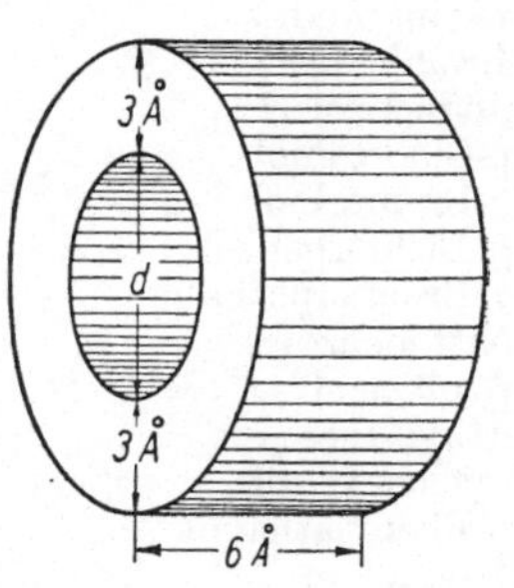

Abb. 22. Schematische Darstellung eines Cyclodextrinmoleküls nach CRAMER (*31*). *d* beträgt für α-Dextrin = Cyclohexaglucan 6 Å; β-Dextrin = Cycloheptaglucan 7—8 Å; γ-Dextrin = Cyclooctaglucan 9—10 Å.

Man hat in den drei Cyclodextrinen den außerordentlich günstigen Fall einer strengen „homologen Reihe" von Hohlräumen, der natürlich besondere Möglichkeiten des Studiums der bei Einschlußverbindungen waltenden Gesetzmäßigkeiten bietet.

Folgende Addukte sind bisher analysiert worden: Mit Octanol, Hexanol (*45*), Trichloräthylen, p-Nitrophenol, Nitrosophenol, Isopropylazulen (*25*).

Die folgende Tabelle gibt eine Übersicht über die Löslichkeit der einzelnen Dextrine bei Gegenwart verschiedener Fällungsmittel nach FRENCH (*39*).

Tabelle 10.

Löslichkeit der Schardinger-Dextrine bei Gegenwart folgender Fällungsmittel.

Fällungsmittel	α-Dextrin g/100 cm³	β-Dextrin g/100 cm³	γ-Dextrin g/100 cm³
ohne	12,0	1,4	22,0
Petroläther		0,12	
Mineralöl		0,03	
Cyclohexan	0,15	0,06	
Dekalin		0,08	
Benzol	0,8	0,07	
Toluol	0,9	0,06	0,04
p-Xylol	0,9	0,02	0,06
Äthylbenzol		0,03	
p-Cymol	3,3	0,04	0,17
Naphthalin		0,03	
Methyljodid		0,06	
Chloroform	0,8	0,07	
Tetrachlorkohlenstoff			0,10
Schwefelkohlenstoff	0,08	0,07	
Dichloräthylen		0,12	
Dibromäthylen		0,12	
Trichloräthylen	0,26	0,03	0,03
Tetrachloräthan	0,08	0,12	0,03
Tetrachloräthylen	0,7	0,004	0,01
Tetrabromäthan	0,10	0,02	
Isoamyljodid		0,10	
Brombenzol	2,4	0,03	0,01
Jodbenzol		0,03	0,03
p-Chlortoluol		0,02	0,05
o-Bromtoluol		0,02	0,02
p-Dichlorbenzol		0,18	
α-Bromnaphthalin		0,02	
Nitrobenzol	über 1	0,03	0,04
Azobenzol		0,20	
Äthyläther		0,66	
Cyclohexanol	0,68		
β-Phenyläthanol		1,0	
Thymol		0,14	

Am Addukt von β-Dextrin mit Benzaldehyd und 1-Isopropylazulen konnte CRAMER eine Stabilisierung dieser unbeständigen Moleküle feststellen (*25*). Das Azulenaddukt hatte sich auch nach 2 Jahren noch nicht entfärbt, während ein auf Glucose niedergeschlagenes Präparat in der Zwischenzeit fast vollkommen verblichen war. Die Autoxydation von Benzaldehyd wird durch Einschließen verhindert. Das allseitig umschlossene Molekül kann vom Luftsauerstoff nicht erreicht werden, ganz ähnliches hat schon WIELAND bei der entsprechenden Choleinsäure gefunden.

Besonders interessant ist das Verhalten der drei Substanzen gegenüber Jod: α-Dextrin bildet ein blaues Addukt, das letzten Endes den Schlüssel zum Verständnis der Jodstärkereaktion bot, β-Dextrin liefert ein braunes Jodaddukt und γ-Dextrin vermag Jod nur noch ganz locker festzuhalten. Hierauf wird in Abschnitt III (s. S. 69) eingegangen. Ganz analog ist das Verhalten gegenüber den anderen Halogenen. Nach CRAMER (*32*) bildet α-Dextrin mit Brom eine Verbindung, die 12,5% Br enthält. β-Dextrin bindet nur noch 4,2%, γ-Dextrin überhaupt kein Brom. Chlor wird nur noch von α-Dextrin gebunden, das in relativ lockerer Bindung etwa 3% Chlor aufnimmt. Durch Einleiten von Chlor in eine Lösung von α-Dextrin bei 10° kann man das Dextrin fast quantitativ fällen. Zur Einlagerung und Bildung unlöslicher Addukte sind fast alle lipophilen Stoffe geeignet, die sich mit den Cyclodextrinen zusammenbringen lassen. Der Grund dafür, daß gerade die lipophilen Verbindungen Addukte bilden, kann der sein, daß der innere Hohlraum durch einen Kranz von Wasserstoffatomen begrenzt wird (vgl. Abb. 21). Wahrscheinlicher aber ist der bei den Gashydraten (s. S. 44) angeführte Grund.

Mit Hilfe von Cyclodextrinen kann man Racemate teilweise in optische Antipoden zerlegen (vgl. Abschnitt IV, s. S. 79).

Es liegt im Wesen der Gittereinschlußverbindungen, daß durch den Lösungsvorgang die Komponenten gespalten werden, da ja dann das einschließende Gitter zerfällt. Die Cyclodextrine behalten jedoch auch in Lösung ihren Hohlraum bei, und es konnte gezeigt werden, daß die Cyclodextrine auch in Lösung Gastmoleküle festhalten (Abschnitt V, s. S. 86).

C. Inklusionsverbindungen makromolekularer Stoffe.

Unsere Kenntnisse über die Struktur von Makromolekülen sagen aus, daß wir es mit Hauptvalenzketten zu tun haben, mehrere solcher Ketten sind meist zu kristallinen Aggregaten zusammengefaßt, den Micellen. Die genaue räumliche Struktur und Faltung dieser Ketten und die Art ihrer Bündelung ist aber bisher nur in einigen wenigen, gut untersuchten Fällen, z. B. bei der Celullose, genauer bekannt.

Fast alle natürlichen makromolekularen Stoffe zeigen die Erscheinung der Quellung. Die Quellung in einem Lösungsmittel kann entweder mit dem vollständigen Auflösen des Makromoleküls enden (z. B. Kautschuk in Benzol), oder sie kann zu Haltepunkten führen (Cellulose u. a.). Ein solcher gequollener Stoff enthält dann zwischen seinen Micellen oder Hauptvalenzketten andere Stoffe eingeschlossen. Hier handelt es sich nicht um eigentliche Verbindungen, meist sind definierte Addukte sehr schwer faßbar, weshalb dieses Gebiet auch noch wenig durchforscht ist. Da aber zahlreiche Analogien zu den Einschlußverbindungen bestehen, müssen diese Additionsverbindungen unseres Erachtens an dieser Stelle mit aufgeführt werden.

1. Tonmineralsorbate.

Zunächst seien zwei Klassen von Mineralien besprochen. Wir dürfen diese aus Kieselsäuretetraedern dreidimensional aufgebauten Stoffe mit Recht als anorganische Makromoleküle bezeichnen.

Zeolith. Würfelzeolithe vom Typ des Chabasit und Analcim besitzen eine dreidimensionale Netzwerkstruktur aus verknüpften Kieselsäuretetraedern, derart, daß das Mineral von Kanälen vom Durchmesser 5—6 Å durchzogen ist [BARRER (*9*)]. Diese sind normalerweise von Wasser erfüllt. Das Wasser läßt sich aber durch andere Substanzen ersetzen. Die Zahl der einzulagernden Stoffe ist auch hier sehr mannigfaltig und umfaßt u. a. geradkettige Kohlenwasserstoffe, während verzweigte Ketten keine Adsorptionsverbindung bilden (*9*). Die Sorbate ähneln damit sehr den Harnstoffaddukten, gehorchen jedoch nicht dem Gesetz der konstanten Proportionen. Ähnlich wie bei den Harnstoffaddukten ist die Bildungswärme für langkettige Gastmoleküle größer. Da aber der Kanalhohlraum von vornherein vorgegeben ist, werden auch Einschlußverbindungen mit kurzkettigen Paraffinen gebildet. Folgende Verbindungen können eingeschlossen werden: Wasser, Ammoniak, Wasserstoff, Argon, Sauerstoff, Stickstoff, Methan, Äthan, Propan, n-Butan, n-Pentan, n-Hexan, n-Heptan.

Die Sättigungswerte sind wie bei den Harnstoffaddukten der Länge der eingelagerten Moleküle umgekehrt proportional.

Größere Paraffine vom Propan ab sind verhältnismäßig schwierig in die Röhren hineinzutreiben. Die Moleküle können sich offenbar in den engen Hohlraum nur schwer durch Diffusion vorwärts bewegen. Beim Harnstoff wird der Kanal um das Molekül herum gebaut, im Falle des Chabasit und Analcim ist die Röhre fertig vorhanden und das Gastmolekül muß hineinkriechen. Dies ist meist nur unter Anwendung höherer Temperatur möglich.

Für diese Verbindungen gilt nicht das Gesetz der konstanten Proportionen, da die Kanäle teilweise leer sein können.

Montmorillonit, Halloysit. Montmorillonit hat die Zusammensetzung $Al_2O_3 \cdot 4\,SiO_2 \cdot H_2O$, Halloysit $Al_2O_3 \cdot 2\,SiO_2 \cdot 4\,H_2O$.

Die Strukturanalyse von U. Hofmann zeigt, daß in beiden Mineralien in ähnlicher Weise Silikatschichten von etwa 10 Å Dicke vorliegen, die für sich ein festes zweidimensionales Netzwerk bilden, miteinander aber nur sehr losen Zusammenhalt haben.

Es existieren nach Gieseking (*49*) und Hendricks (*56*) zwei Typen von Einschlußverbindungen dieser Mineralien. Einmal können basische Stoffe die auf der Innenseite der Schichten befindlichen Kationen verdrängen. Dann kommt es zu einer Salzbildung mit der eingeschlossenen Komponente. So lassen sich Verbindungen herstellen mit Brucin, Codein, o-Phenylendiamin, Benzidin, Piperidin, Adenin, Guanin und deren Ribosiden. In diesen Verbindungen liegen die Ringsysteme flach zwischen den Silikatschichten, teils in monomolekularer, teils in dimolekularer Packung. Da sich das Auseinandergehen der Silikatschichten röntgenographisch leicht messen läßt, kann man diese Verbindungen zu einer „Dickenmessung" von organischen Basen verwenden. Aus den analytischen Daten läßt sich leicht entnehmen, ob es sich um eine ein- oder mehrmolekulare Schicht handelt.

Es lassen sich hier aber nach Bradley (*15*) und McEvan (*75*) auch Inklusionsverbindungen mit nichtionogenen Partnern herstellen. Hier werden die Kationen des Minerals nicht ausgetauscht. Allerdings muß offenbar doch eine elektrostatische Wechselwirkung zwischen Gast und Wirt stattfinden, die die Energie zur Aufweitung des Mineralgitters liefert, denn gänzlich unpolare Moleküle liefern keine Montmorillonit- oder Halloysitsorbate. Halloysit ist schwieriger zu handhaben, da er beim vollständigen Entwässern irreversibel kollabiert. Hier kann man daher nur das Wasser durch die organische Komponente vorsichtig verdrängen, während man beim Montmorillonit bei 100° entwässern und dann mit dem organischen Stoff quellen lassen kann.

Die beobachteten und berechneten Mengen eingelagerter organischer Moleküle sind für Montmorillonit in der folgenden Tabelle wiedergegeben [nach *(105)*].

Tabelle 11.

Eingeschlossenes Molekül	Aufweitung beobachtet in Å	Aufweitung berechnet aus den Wirkungsradien in Å	Zahl der Moleküllagen
Methanol	7,4	6,9	2
Äthanol	7,9	8,1	2
Propanol-(1)	4,5	4,5	1
Butanol-(1)	4,6	4,5	1
Pentanol-(1)	4,6	4,5	1
Hexanol-(1)	4,1	4,5	1
Heptanol-(1)	4,1	4,5	1
Hexadekanol-(1)	4,1	4,5	1
Heptanol-(4)	3,7	4,5	1
Octanol-(2)	4,1	4,5	1
2-Äthylbutanol-(1)	4,2	4,5	1
2-Methylbutanol-(2)	5,4	5,4	1
Cyclohexanol	5,6	5,5	1
Äthylenglykol	7,6	7,3	2
Propandiol-(1,3)	8,6	8,6	2
Glycerin	8,0	8,3	2
1,4-Dioxan	5,6	5,9	1
n-Hexan	1—2	—	0
n-Heptan	0,6	—	0
Chloräthanol	8,3	7,8	2
Äthylendiamin	4,3	4,4	1
Aceton	8,2	8,1	2
Acetonitril	10,2	10,6	3
Nitromethan	10,4	10,5	3

2. Graphit.

Graphit ist bekanntlich so gebaut, daß Schichten „benzolartig“ gebundenen Kohlenstoffs aufeinander gelegt und nur durch verhältnismäßig schwache Kräfte miteinander verbunden sind. Dies drückt sich in der bekannten Spaltbarkeit, aber auch in der Fähigkeit zur „Quellung“ aus. Durch Oxydation von Graphit mit Kaliumchlorat erhält man die „Graphitsäure“. Die Struktur dieses Stoffes ist durch röntgenographische Untersuchungen von U. Hofmann (*59*) aufgeklärt worden. Danach bleiben die Graphitschichten im Graphitoxyd für sich erhalten und werden nur durch zwischengelagerten Sauerstoff auseinandergespreitet. Es liegen also abwechselnd Kohlenstoff- und Sauerstoffschichten im Gitter. Die Abstände der Kohlenstoffschichten wachsen dabei fast auf das Doppelte an. Sie können auch noch weiter auseinander gedrängt werden dadurch, daß man Wassermoleküle hineindiffundieren, also quellen läßt. Unter völligem Feuchtigkeitsausschluß läßt sich die Graphitsäure nicht darstellen, es müssen offenbar OH-Gruppen in die Zwischenschichten eingelagert sein. Feuchte Graphitsäure färbt Lackmuspapier rot. Eine Methylierung der OH-Gruppen vergrößert den Schichtebenenabstand. Man kann auch den Sauerstoff gegen Schwefel austauschen und erhält dann das Graphitsulfid. HSO_4^--Ion wird reversibel eingelagert und läßt sich gegen Selenat, Perchlorat oder Nitrat austauschen. Nach Ruff (*96*) kann auch Fluor und nach Schleede (*102*) können Alkalimetalle eingelagert werden, wobei die Quellung je nach der Dicke der verschiedenen Moleküle verschieden groß ist. Die eingelagerten Stoffe liegen in der Regel in definierten Punktlagen und sind an diese Lagen durch relativ starke Kräfte gebunden.

Es handelt sich bei diesen interessanten Verbindungen nicht um eigentliche Einschlußverbindungen, jedenfalls aber um topochemische Verbindungen, d. h. um solche, deren Bildung vornehmlich durch räumliche Gegebenheiten ermöglicht wird.

3. Cellulose.

Cellulose vermag mit Alkali stark zu quellen. Hierbei tritt Wasser bzw. Alkalihydroxyd zwischen die Micellen bzw. die Glucoseketten, während die Länge der Faser unverändert erhalten bleibt. Aber auch Kohlenwasserstoffe können von Cellulose includiert werden. Nach Staudinger (*115*) erhält man beim Waschen einer reinen Cellulose mit Aceton und anschließend mit Cyclohexan einen wesentlich höheren Kohlenstoffgehalt als den berechneten, obwohl das Präparat bei 100° i.V. getrocknet wurde. Die Analyse stimmt ungefähr auf 1 Molekül Cyclohexan pro 6 Moleküle Glucose. Der hohe C-Gehalt der Cyclohexancellulosen ist darauf zurückzuführen, daß Cyclohexan zwischen die Fadenmoleküle der Cellulose includiert, also rein mechanisch eingeklemmt ist, ohne daß die Moleküle irgendwie durch Nebenvalenzen mit den Glucoseresten in Verbindung stehen. Diese Inclusionen sind gerade bei Cellulosen sehr beständig, so daß die includierten Moleküle von niedrig siedenden indifferenten Flüssigkeiten, wie Cyclohexan und Tetrachlorkohlenstoff, sich bei mehrtägigem Stehen im Hochvakuum auch bei Temperaturen von 80—100° nicht entfernen lassen.

Dieses Beispiel von STAUDINGER zeigt, daß die in der niedermolekularen Chemie üblichen Reinigungsmethoden von Stoffen hier versagen können.

Solche Inklusionserscheinungen trifft man bei vielen makromolekularen Stoffen, sie erschweren das Reinigen, also das Entfernen von den letzten Spuren der zur Reinigung verwendeten Lösungsmittel. Das Festhalten derselben hängt dabei mit dem Bau der Makromoleküle zusammen. Aus linearpolymeren Stoffen ohne oder mit kleinen Seitenketten lassen sich die includierten Lösungsmittelmoleküle leichter entfernen als aus solchen, bei denen die Kohlenstoffketten des Fadenmoleküls größere Seitenketten tragen.

Derartige Verhältnisse dürften wohl auch beim Färbevorgang eine gewisse Rolle spielen. Einerseits müssen in den substantiven Farbstoffen gewisse Gruppen vorliegen, die eine Bindung zu den Hydroxylgruppen der Cellulose vermitteln (*67*). Andererseits ist die Form eines Farbstoffmoleküls häufig von ausschlaggebender Bedeutung für die Echtheit (*58*, *97*). So sind die langgestreckten Derivate des Benzidins substantiv, denn sie werden in den Längskanälen der Cellulose besser festgehalten. Für ein „Einschließen" des Farbstoffes spricht auch die Rotverschiebung der Absorptionsmaxima (*66*). Freilich spielen bei einem so komplexen Vorgang wie dem der Färbung auch zahlreiche andere Faktoren eine ausschlaggebende Rolle, so daß die räumlichen Gesichtspunkte häufig hinter anderen zurücktreten.

4. Stärke.

Die Kartoffelstärke besteht bekanntlich aus dem unverzweigten Anteil der Amylose und dem verzweigten Amylopektin. Von diesen Anteilen neigt besonders die Amylose zur Bildung von Addukten. Auf dieser Tatsache kann man eine Trennung der beiden Stärkeanteile aufbauen [(SCHOCH (*107*)] und die sonst nicht kristallisierte Amylose als Butanolamylose zur Kristallisation bringen. Amylose bildet Addukte mit höheren Alkoholen, Cyclohexanol, Fettsäuren u. a.

Amylose kommt in verschiedenen Kristallmodifikationen vor. In der mit Alkali gequollenen Stärke liegen nach SENTI und WITNAUER (*108*) lineare Anordnungen der Glucoseketten vor. In einer anderen Modifikation, der V-Amylose, kristallisieren alle

Addukte mit Fettsäuren, Alkoholen und auch mit Jod. Für diese Modifikation dürfte das von HANES (*52*) und FREUDENBERG (*43*) vorgeschlagene Schraubenmodell zutreffen. Hierfür spricht auch die Röntgenstrukturanalyse, die allerdings noch mit einigen Unsicherheiten behaftet ist (*99*). Danach ordnet sich die Hauptvalenzkette der Amylose schraubenförmig in der Weise an, daß in

Abb. 23. Fourier-Analyse der V-Amylose nach RUNDLE (*99*).

der Mitte ein Kanal zur Einlagerung von Fremdmolekülen freibleibt. Auch die an Cyclodextrinen gewonnenen Erkenntnisse sprechen für das Schraubenmodell, α-Dextrin stellt eine solche herausgegriffene Schraube dar. Die Jodreaktion der Stärke ist ebenfalls auf eine Einschlußverbindung zurückzuführen (vgl. Abschnitt II, s. S. 76).

5. Proteine.

Von besonderer Wichtigkeit scheint die Frage zu sein, ob Proteine Einschlußverbindungen zu bilden vermögen. Diese Frage ist noch nicht mit völliger Sicherheit zu beantworten. Proteinmoleküle vermögen infolge des Vorhandenseins von freien Amino- oder Carboxylgruppen sowohl kationische wie anionische Salze zu bilden. Darüber hinaus können die Säureamidgruppen zur Komplexbildung Veranlassung geben. Trotzdem lassen sich nicht alle bekannten Proteinverbindungen mit diesen Prinzipien erklären.

K. H. MEYER schreibt über die Verbindung zwischen Globin und Häm (*78*): „Hämoglobin ist eine Molekülverbindung aus Globin und Häm, andere Beispiele liegen in den zusammengesetzten Fermenten vor. Globin ist im Gegensatz zu Hämoglobin nicht kristallisiert zu erhalten. Dieses Verhalten erinnert an das der Desoxycholsäure, die selbst nicht kristallisiert, aber mit einer Reihe von Substanzen gut kristallisierte Molekülverbindungen gibt. Anscheinend liegen hier Feinheiten des sterischen Baues vor, die diese merkwürdigen Eigenschaften bedingen.“ Aus energetischen Überlegungen ergibt sich dann: „. . . dabei müssen alle 10 bis 40 in Frage kommenden Gruppen sich an der Assoziation beteiligen und einander auf denjenigen Abstand nahekommen, der dem Minimum der potentiellen Energie entspricht. Dies ist aber nur unter ganz bestimmten sterischen Voraussetzungen möglich: Der assoziierende Bezirk des einen Moleküls muß auf den des anderen so passen wie ein Relief auf sein Negativ.“ Allerdings sind Histidinreste des Globins mit dem Eisenatom des Häms auch koordinativ verknüpft.

Die Schwierigkeit bei der Entscheidung der Frage, ob Proteine Einschlußverbindungen bilden, liegt darin, daß man z. Z. von keinem der komplexbildenden Proteine mit Sicherheit die räumliche Struktur kennt, auf die es hier entscheidend ankommt. Die Ermittlung dieser Struktur stößt bei derartig komplizierten Molekülen auf außerordentliche Schwierigkeit [vgl. (*126*)]. Im folgenden Abschnitt wird der Versuch gemacht, einige bisher nicht erklärbare Eigenschaften der Proteine mit Hilfe des Prinzips der Einschlußverbindungen zu erklären und die an den niedermolekularen Einschlußverbindungen gewonnenen Erkenntnisse auf Proteine anzuwenden.

Die Verbindungen zwischen Proteinen und Salzen müssen hier außer Betracht bleiben [vgl. dazu (*22*)], diese Verbindungen sind nicht besonders spezifisch. Spezifische Molekülverbindungen dagegen werden vor allem von den globulären Proteinen, von Globulin und Albumin gebildet.

Über die räumliche Struktur des Pferdemethämoglobins liegt eine ausführliche röntgenographische Untersuchung von PERUTZ (*84*, *85*) vor. Pferdehämoglobin wurde durch vorsichtige Oxydation in Methämoglobin übergeführt und mit Ammonsulfat zur Kristallisation gebracht. Die erhaltenen Einkristalle enthielten 51,4%

Wasser. Die Röntgenaufnahme ergab nach vierjähriger Rechenarbeit folgendes Strukturbild (vgl. Abb. 24): Die Moleküle des Hämoglobins sind in erster Näherung Zylinder mit einem Durchmesser von 57 Å und einer Höhe von 34 Å. Die Zylinder lagern sich zu Schichten zusammen, mehrere solcher Schichten sind aufeinander gelegt. Zwischen die Schichten wird das Quellungswasser eingelagert. Das einzelne Molekül, also der einzelne Zylinder, besteht wiederum aus 5 scheibenförmigen Schichten.

Die Quellung des Moleküls kann man wohl noch nicht als eine Einschlußverbindung bezeichnen. Zudem hat das Molekül in gelöstem Zustande sicherlich eine gänzlich andere Struktur und auf das Verhalten eines Eiweißmoleküls in *gelöstem* Zustand kommt es hier wesentlich an.

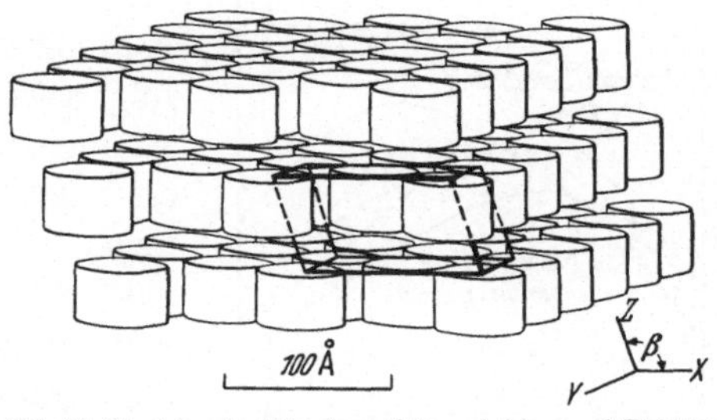

Abb. 24. Struktur des Pferdemethämoglobins nach PERUTZ (*85*). Eine Einheitszelle ist vorne rechts eingezeichnet.

Wichtig ist aber vor allem in diesem Zusammenhange die Fähigkeit der Proteine, organische Farbstoffe zu binden. Es zeigte sich nämlich, daß die Spektren von Indicatoren in gepufferten Lösungen durch Proteine in charakteristischer Weise verändert werden können. Ausführlich untersucht wurde das Verhalten von Methylorange und seinen Derivaten in Lösungen von Serumalbumin durch KLOTZ [(*62*), dort auch frühere Literatur].

Serumalbumin „reagiert" mit Methylorange, ebenso mit 4′-Dimethylaminoazobenzol-(4)-carbonsäure, -phosphorsäure und -arsensäure. Dabei wird das Spektrum in $p_H = 5{,}7$ gepufferter und in $p_H = 6{,}9$ gepufferter Lösung im Sinne einer Salzbildung verschoben. Bei p_H über 7 kehren sich die Verhältnisse um, offenbar durch die Umfaltung des Makromoleküls.

Interessanterweise treten diese Spektralverschiebungen bei den entsprechenden *ortho*-Derivaten nicht auf, während meta-Methylorange sich ähnlich verhält wie das para-Derivat. 4′-Dimethylamino-2,2′-dimethyl-azobenzol-4-sulfonsäure ist ebenfalls in der Lage, sich mit Serumalbumin zu verbinden. Bei Vergrößerung der am Stickstoff gebundenen Alkylreste von Methyl bis Butyl verringert sich die Fähigkeit zur Verbindungsbildung schrittweise. Bei p_H 4,8 wird von einem Mol Protein etwa 1 Mol Methylorange aber nur 0,25 Mol Butylorange gebunden.

Organische Kationen scheinen mit Serumalbumin nicht zu reagieren (*63*). Serumalbumin verhält sich also wie eine „topochemische Base“.

Nun lassen sich diese Verhältnisse im wesentlichen auf elektrostatischer Grundlage deuten. Die basischen Gruppen des Proteins bilden mit sauren Gruppen des Farbstoffes Salze, d. h. die Sulfonsäuregruppierung bildet ein Salz mit einer Aminogruppe. Diese Salzbildung erfolgt aber in saurer Lösung, wenn die Aminogruppen des Proteins bereits als Salze vorliegen. Die Verhältnisse liegen also insofern komplizierter, als zusätzlich noch ein Ionenaustausch vor sich gehen muß. Das Cl^--Ion an der Aminogruppe wird gegen das Farbstoffanion ausgetauscht. Voraussetzung für einen solchen Ionenaustausch ist aber, daß der Farbstoff eine größere Affinität zum gelösten Protein hat, als das viel stärker negative Halogen-Anion. Es muß also noch zusätzlich Energie frei werden, um diesen Austausch zu ermöglichen. Diese Energie wird dadurch geliefert, daß an der Bindung Farbstoff-Protein nicht nur die Salzbildung zwischen den polaren Gruppen beteiligt ist, sondern daß darüber hinaus Wasserstoffbrücken u. a. Bindungskräfte auf kürzere Entfernung betätigt werden. Es handelt sich also hier um eine *topochemische* Salzbildung, bei der die räumlichen Gegebenheiten und das Ladungsmuster eine wichtige Rolle spielen.

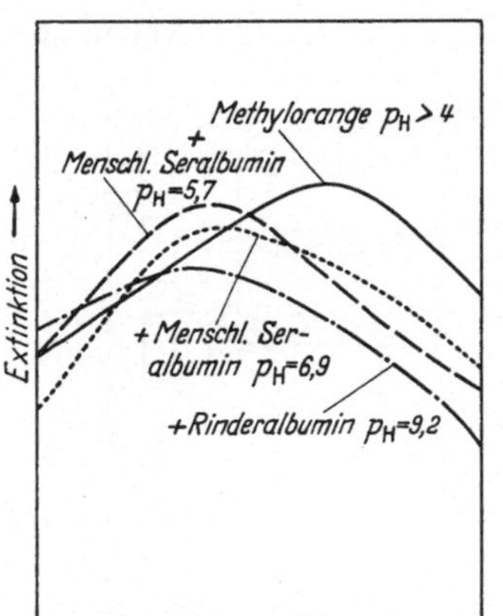

Abb. 25. Spektroskopisches Verhalten von Methylorange in einer 0,2%igen Lösung von menschlichen Serumalbumin bzw. Rinderalbumin. Konzentration von Methylorange $1,1 \cdot 10^{-5}$ Mol nach KLOTZ (*62*).

Ganz ähnlich ist das Verhalten von Albumin gegenüber Kongorot, das HAUROWITZ (*53*) studiert hat. Serumalbumin und Ovalbumin, besonders aber hitzebehandeltes Ovalbumin bilden „Komplexe“ mit Kongorot, die auch bei p_H 2 noch rot sind, während die proteinfreie Pufferlösung schon nach Blau umgeschlagen ist.

Etwas vollständig Analoges zeigt sich in einer wäßrigen Lösung von γ-Dextrin (s. S. 92).

Merkwürdigerweise zeigt das denaturierte Ovalbumin den stärksten Effekt. Die mit der Denaturierung verbundene Umlagerung muß offenbar die Bildung der Verbindung begünstigen.

Ähnliche Effekte zeigen sich bei anionischen Polysacchariden (*74b*), Nucleinsäuren (*79a, 119d*) und verschiedenen Lösungen von anderen Hochpolymeren (*74c*).

Auf den Vergleich zwischen Proteinfarbstoffverbindungen und Einschlußverbindungen wird weiter unten eingegangen werden. Es hat sich nämlich gezeigt, daß in Cyclodextrinlösungen ganz analoge Effekte auftreten.

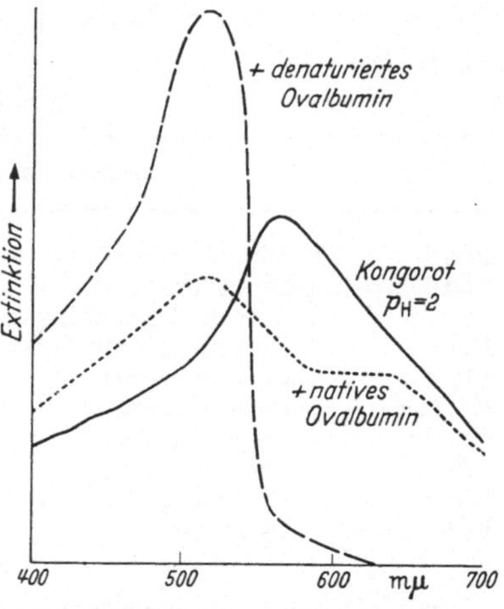

Abb. 26. Absorptionsspektrum von Kongorot bei p_H 2 und Gegenwart von Albuminen nach HAUROWITZ (*53*).

An dieser Stelle muß auch die *Antigen-Antikörper*-Reaktion kurz erwähnt werden. Wenn man einem lebenden Wirbeltierorganismus bestimmte spezifische Eiweißkörper, Polysaccharide oder zusammengesetzte makromolekulare Stoffe injiziert (Antigene), so vermag er entsprechende spezifische „Gegenstoffe", Antikörper hervorzubringen, die im serologischen Test das Antigen ausfällen. Diese Fällungsreaktionen sind enorm spezifisch. Von LANDSTEINER (*72*) konnten durch Einführung von Azogruppen synthetische Antigene hergestellt werden, auf die der Organismus mit der Bildung eigener Antikörper reagiert. Die so erzeugten Antikörper fällen wiederum andere Proteine, die die gleiche Azogruppierung enthalten (Haptene). Die Spezifität ist in diesem Falle in der Azogruppierung lokalisiert, sie wird als Hapten bezeichnet. Die Spezifität dieser Verhältnisse ist bisher ziemlich rätselhaft. Es wurde schon immer die Vermutung ausgesprochen, daß es sich hier um ein rein räumliches Aufeinanderfügen handelt. Der Organismus ist offenbar in der Lage, von einem vorliegenden Relief (Antigen) einen Negativabguß herzustellen (Antikörper). Daß dies nur nach einem den Einschlußverbindungen ähnlichen

Prinzip erfolgen kann, liegt auf der Hand. Ähnliche Verhältnisse müssen bei den Toxin-Antitoxin-Reaktionen vorliegen.

Alle Antikörper haben Globulincharakter. Auf Grund der Analysendaten läßt sich kein Unterschied zu den normalen Globulinen feststellen, es muß also hier auf die räumliche Faltung der Eiweißketten ankommen, worauf PAULING (*82*) hingewiesen hat.

In der folgenden Tabelle sind Molekulargewichte und Molekulardimensionen einiger Antikörper zusammengestellt nach CAMPBELL (*19a*).

Tabelle 12.

Art	Antikörper gegen	Mol.-Gew.	Dimensionen in Å
Pferd . . .	Diphtherietoxin (wasserlöslich)	184000	286/39
Pferd . . .	Diphtherietoxin (wasserlöslich nach Behandlung m. Pepsin)	113000	204/36
Pferd . . .	Diphtherietoxin (krist.)	90000	166/35
Pferd . . .	Pneumococcus	920000	946/47
Mensch . .	Pneumococcus	195000	338/37
Mensch . .	Normal-globulin	156000	235/44
Affe. . . .	Pneumococcus	157000	312/34
Kaninchen	Pneumococcus	157000	272/37
Kaninchen	Ovalbumin	165000	244/24

Es ist außerordentlich schwierig zu beantworten, mit welchem Teil des Moleküls oder welcher spezifischen Gruppe die Vereinigung zwischen Antigen und Antikörper stattfindet. Eine Vielzahl von Veröffentlichungen beschäftigt sich mit diesem Problem; hier sei nur auf die Zusammenfassung von CAMPBELL (*19a*) hingewiesen. Der Bezirk, in dem sich Antigen und Antikörper bzw. Hapten und Antikörper berühren, muß jedenfalls relativ groß sein und wird auf 400—800 $Å^2$ geschätzt. BOYD (*14a*) spricht von „occlusion“. Im allgemeinen werden mehrere Antikörpermoleküle benötigt, um ein Antigenmolekül auszufällen. Die folgende Tabelle 13 gibt die Zusammensetzung der spezifischen Fällungen in der Äquivalenzzone der Fällungskurve wieder.

Energetische Messungen und physikalische Überlegungen haben ergeben, daß die Bildungswärmen bei der Antigen/Antikörperreaktion wesentlich unter denen gewöhnlicher chemischer Reaktionen liegen. Aus allen bisher bekannten Daten ergibt sich daher folgendes Bild:

Für das Zustandekommen einer spezifischen Fällungsreaktion sind komplementäre Oberflächen auf den Antigen- und Antikörpermolekülen notwendig, die genau ineinander passen nach Art eines Reliefs und seines Negativabgusses. Die Bindungen zwischen den beiden Partnern sind Bindungskräfte über kurze Entfernung nach Art der VAN DER WAALschen Kräfte, außerdem dürfte den Wasserstoffbrücken eine wichtige Rolle zufallen [PAULING (*83a*, *72a*)]. Die Bindungskräfte zum Zusammenhalt des Komplexes reichen wegen der im einzelnen schwachen Bindung aber nur aus, wenn die

Tabelle 13.

Antigen	Mol.-Gew.	Molverhältnis Antikörper/Antigen
Verschiedene Azofarben . .	500—1200	0,9—0,7
Ovalbumin	44000	4—3
Pferdeseralbumin	70000	4—3
Menschl. Seralbumin . . .	70000	3—2
Rinderseralbumin.	70000	3,5
Diphtherietoxin	74000	4—1,5
Thyroglobulin	650000	14—10

Moleküle wirklich genau ineinander passen. So erklärt sich die Spezifität dieser Reaktionen.

Wenn man, wie oben, Einschlußverbindungen als solche Verbindungen definiert, die im wesentlichen durch das räumliche Ineinanderfügen der Verbindungspartner hergestellt werden, ohne daß eigentliche chemische Bindungen geknüpft werden, so muß man die Antigen/Antikörperverbindungen als Einschlußverbindungen bezeichnen.

Proteine vermögen weiterhin mit einer großen Zahl von niedermolekularen organischen Verbindungen, insbesondere lipophilen, zusammenzutreten, was häufig zur Kristallisation der Proteine benutzt wird. Hier sind vor allem höhere Alkohole zu nennen. Menschliches Serumalbumin wird mit n-Decanol zur Kristallisation gebracht (*23*). Eine übliche Methode, um störende Proteine aus Naturstofflösungen zu entfernen, bildet das Durchschütteln mit Chloroform, wodurch die meisten Proteine zur Fällung gebracht werden.

Die biologische Bedeutung von Protein-Lipoid-Komplexen besteht darin, daß die Proteine wasserunlösliche Stoffe im

Organismus transportieren können, etwa Fette, Phosphatide, Sterine, besonders aber Carotinoide.

Mit Hilfe des Prinzips der Einschlußverbindungen kann die grüne Farbe der lebenden Hummern Erklärung finden. Nach R. KUHN (*70*) wird die grüne Farbe der Hummereier durch das rote Astaxanthin hervorgehoben. Astaxanthin ist dabei mit einem albuminartigen Protein zum *Ovoverdin* verbunden. Astaxanthin (I) liefert unter Luftausschluß ein tief dunkelblaues Alkalisalz (II), das dem Stilbendiol-dikalium entspricht.

HO — O — O — OH

I

KO — OK — OK — OK

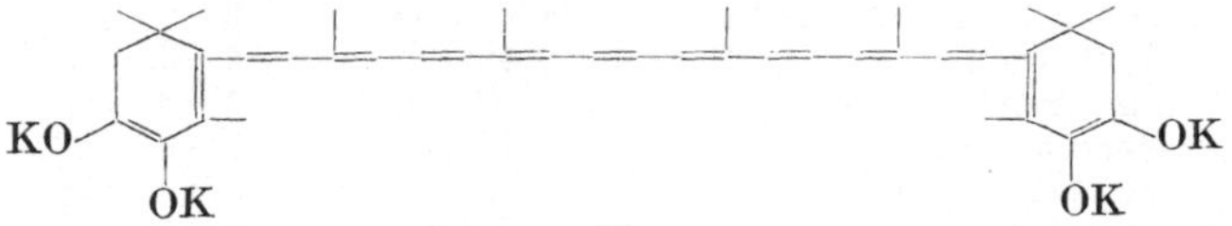

II

R. KUHN nimmt nun an, daß das Astaxanthin an zwei Aminogruppen des Proteins gebunden sei. Er schreibt darüber: „Auffallend bleibt, daß Ovoverdin im Gegensatz zu den blauen Alkalisalzen nicht autoxydabel ist, zumal bei streng ionogenem Bau die Natur des Kations ohne erheblichen Einfluß auf die Reaktionsfähigkeit des Carotinoids sein sollte. Wir führen das darauf zurück, daß die Bindung an die Eiweißkomponente nicht nur salzartig ist, sondern daß überdies wie bei der Bildung der Flavoproteine Kräfte im Spiele sind, welche eine spezifische verhältnismäßig feste ‚Verankerung' (‚Einbettung') der Farbstoffkomponente am Protein nach Art einer ‚Molekülverbindung' bzw. eines Symplexes bewirken. Die wahre Natur dieser Kräfte, die sich an den Chromoproteiden und anderen zusammengesetzten Eiweißkörpern betätigen, ist uns aber noch verborgen."

Man kann nun folgendes annehmen: Astaxanthin bildet mit dem Protein eine Einschlußverbindung, wobei sich gleichzeitig das Anion ausbildet wie das nach CRAMER (vgl. Abschnitt VI, s. S. 87) in vielen Fällen bei Einschlußverbindungen der Fall ist. Bei einem analog gebauten Stoff, dem Furoin, einem ebenfalls enolisierbaren α-Oxyketon, konnte diese topochemische Salzbildung bestätigt werden (vgl. Abschnitt VII, s. S. 100). Die Ausbildung des Anions kann noch durch Anwesenheit von Aminogruppen unterstützt werden. Die Proteineinschlußverbindung des Astaxanthins ist im Gegensatz zu dem einfachen Kaliumsalz beständig, da sich

1. die Salzbildung nicht in alkalischer Lösung vollzieht und
2. Gastmoleküle in Einschlußverbindungen vor der Oxydation durch Luftsauerstoff geschützt sein können (*102a*).

Das Elektronengas im Sinne von H. Kuhn geht bei der Salzbildung des Farbstoffes vom Zustand eines gestörten in den eines ungestörten Elektronengases über, was sich in der Farbvertiefung bemerkbar macht (*68*). Für den Carotinoidanteil im Ovoverdin kommen deshalb folgende Resonanzstrukturen in Frage.

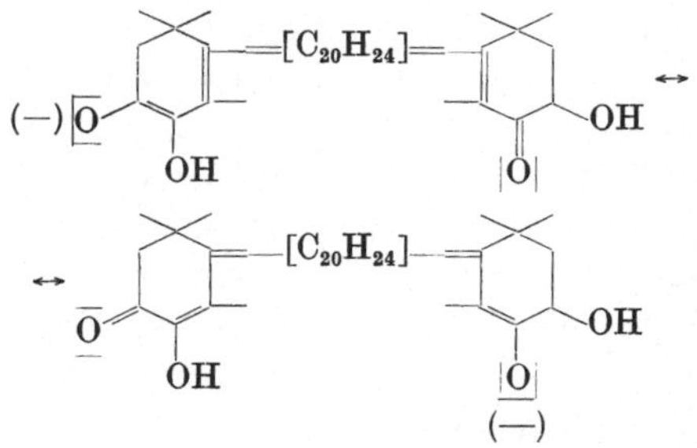

(−)|O ... =[$C_{20}H_{24}$]= ... OH, OH, |O| ↔

↔ O ... [$C_{20}H_{24}$] ... OH, OH, |O| (−)

Für das Absorptionsmaximum des freien Farbstoffes errechnet sich mit Hilfe des Elektronengasmodelles eine Lage bei 4500 Å [gef. 4880 Å (*70*)]. Für das Maximum des Chromoproteids erhält man unter Zugrundelegung der obigen Resonanzstrukturen eine Absorption bei 14700 Å. Demnach wäre das Ovoverdin eine Farbe höherer Ordnung. Das Spektrum des Ovoverdins ist bisher noch nicht in allen Einzelheiten vermessen worden.

III. Die blaue Jodreaktion.

Die Kenntnis der Blaufärbung von Stärke mit elementarem Jod ist ebenso alt wie die Kenntnis vom Jod selbst (*21*). Nicht nur Amylose und Amylopektin, sondern eine große Anzahl chemisch völlig verschiedener Verbindungen zeigen die gleiche Erscheinung. Barger (*8*) hat 1900—1920 viel Versuchsmaterial zur Kenntnis dieser Verbindungen beigebracht, ohne jedoch eine allgemein befriedigende Erklärung geben zu können.

1939 schlug FREUDENBERG für die Amylose ein Schraubenmodell vor, in dessen Zentralkanal sich die Jodmoleküle linear einlagern können (*43*). Diese Vorstellung wurde dann insbesondere von RUNDLE (*98*) u. a. ausgebaut und durch Fourieranalyse bestätigt (*99*). Die energetischen Verhältnisse in einer solchen Additionsverbindung und die Möglichkeit der Resonanz zwischen den einzelnen Jodmolekülen wurde diskutiert (*50*, *116*).

Zunächst sei eine Übersicht über die Verbindungen gegeben, die blaue Jodreaktion zeigen.

1. Die bis zum Abschluß der 8. Auflage des GMELIN (*51*) bekannten. Dort finden sich auch die betreffenden Literaturhinweise

Amylose	Euxanthinsäureester
Amylopektin	Saponarin
Inulin	Derivate von
Agaragar	Flavon, Thioflavon,
Cellulose (gequollen)	γ-Pyron, Xanthon,
Lignin ?	Thioxanthon
Lichenin	Derivate von
Chinaalkaloide	Cumarin, Naphthocumarin,
Cholsäure	Thiocumarin
einige Ergotalkaloide	Narcein

Methylcycloacetal des Acetols und des Acetoins (*12a*);

2. Weitere:
Nylon, Polyvinylalkohol bzw. Polyvinylborat (*121*), 3,4-5,6-Dibenzacridin (*61*), Cortison (*10*), Benzamid, Piperin (*122*).

Die blauen Jodfarben anorganischer Stoffe sind hier nicht berücksichtigt.

In den zahlreichen Publikationen, die sich mit diesen blauen Jodverbindungen befassen, wird stets angenommen, daß J_2-Moleküle bzw. KJ_3 oder KJ_5 Molekülverbindungen mit den betreffenden Stoffen eingingen. Diese Molekülverbindungen wurden meist im Sinne von Nebenvalenzverbindungen gedeutet. Lediglich von FREUDENBERG wurden auch räumliche Gesichtspunkte herausgestellt und von WEST (*121*) wurde die Möglichkeit der Aneinanderreihung von Jodmolekülen diskutiert, später allerdings wieder verworfen (*116*).

Nach CRAMER (*26*) handelt es sich bei allen blauen Jodaddukten um Einschlußverbindungen von Jodketten in Kanälen.

1. Jodverbindungen der Cyclodextrine.

α-Dextrin kristallisiert aus einer wäßrigen Jod-Jodkalium-lösung mit bis zu 25% Jod und wechselnden Mengen Kaliumjodid als tief dunkelblau gefärbte Verbindung [vgl. auch (*90*)] mit metallischem Oberflächenglanz und ausgeprägtem Dichroismus.

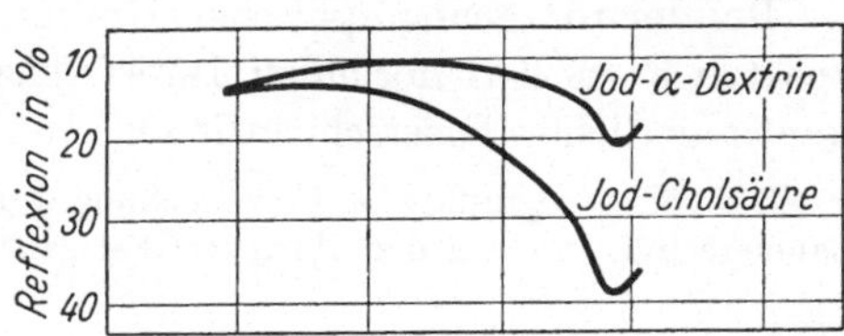

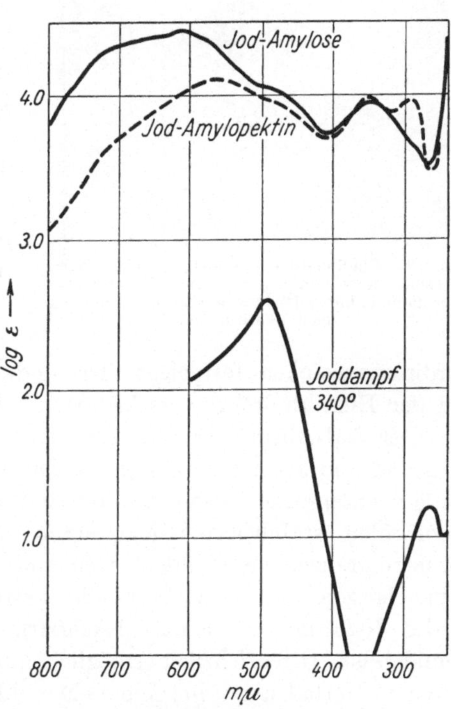

Abb. 27. Oben Reflexionsspektren von Jod-α-Dextrin und Jod-Cholsäure, unten Absorptionsspektren des Joddampfes (*64*) und verschiedener Jodkomplexe nach CRAMER (*26*).

0,5 g α-Dextrin, 0,15 g Kaliumjodid und 0,2 g Jod wurden in 8 cm³ Wasser heiß gelöst. Beim allmählichen Abkühlen, das sich über mehrere Tage erstrekken soll, kommen 0,5 g der Jodverbindung in hexagonalen, metallisch glänzenden Säulen von bis zu 2,5 mm ∅ heraus. Beim schnelleren Abkühlen rhombische Nadeln. Dichroismus blau-braun. Polarisiertes Licht wird nur senkrecht zur Nadelrichtung hindurchgelassen. Die Jodbestimmung wurde durch

Tabelle 14.

J_2 (titr.)	J^- (titr.)	$J_2 + J^-$ nach CARIUS
19,0%	4,6%	23,8%
20,9	6,5	28,5
15,4	4,2	20,5

Auflösen in siedendem Wasser, Überdestillieren und Titrieren des Jods vorgenommen, die Jodidbestimmung nach Oxydation mit Bichromat in gleicher Weise. Die Werte entsprechen im Mittel einem Jodmolekül je Dextrinring, schwanken aber je nach den Herstellungsbedingungen stark.

Die Jodabsorptionsbande im Sichtbaren, die dem Zerfall des Jodmoleküls in ein normales und ein angeregtes Atom entspricht

(*64*), ist um 160 mμ nach längeren Wellen verschoben und stark erhöht, was eine Herabsetzung der J-J-Dissoziationsenergie und eine damit verbundene Vermehrung der Photodissoziation anzeigt.

Bei der röntgenographischen Untersuchung (s. Abb. 28) treten zusätzlich zu den normalen Interferenzen des Dextrins scharfe kontinuierliche „Faserschichtlinien“ auf.

Die röntgenographische Untersuchung wurde nach der gleichen Aufnahmetechnik wie bei den Harnstoff-Fettsäure-Addukten ausgeführt (*14*).

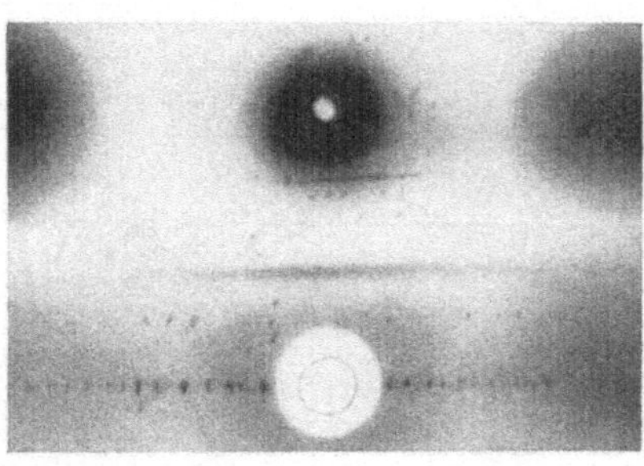

Abb. 28. Eindimensionale Schichtlinien bei blauen Jodeinschlußverbindungen, oben α-Dextrin-Jodverbindung, unten Diphenylpyron-Jodverbindung nach CRAMER (*26*).

Die eindimensionalen Schichtlinien sagen aus:

1. Jodatome liegen in einer linearen Kette im Dextringitter.

2. Die Ketten verlaufen über größere Bereiche.

3. Der praktisch einzige, periodische Jodabstand beträgt 3,06Å.

4. Die Jodatome sind nicht auf bestimmte Koordinationsstellen festgelegt. Die Jodkette ist als starrer Stab in der Einschlußröhre verschiebbar zu denken.

Der J-J-Abstand im Jodmolekül beträgt 2,66 Å im Grundzustand und 3,4 Å im Anfang der Emission (*77*). Die gefundenen 3,06 Å entsprechen also einem durch Resonanz mit den Nachbarmolekülen stabilisierten angeregten Zustand derart, daß die Molekülgrenzen verwischt werden und die einzelnen Moleküle in einer langen Jod- (bzw. Polyjodid-)kette aufgehen, in der formal jedes Jodatom mit seinem Nachbarn durch ein Elektron verbunden ist. Offensichtlich ermöglichen nur die besonderen energetischen Verhältnisse in einem Einschlußkanal die Ausbildung dieser Jodmodifikation, die nach CRAMER (*26*) als „Blaues Jod“ bezeichnet wird.

Mit dem röntgenographischen Befund wäre an sich auch ein Strukturbild vereinbar, bei dem die Jod*moleküle* in linearer Anordnung aneinandergereiht sind, wie es ähnlich STEIN und RUNDLE (*116*) vorschlagen. In diesem Falle wäre im Röntgenogramm die erste und dritte Ordnung vollständig ausgelöscht und nur die zweite und vierte träte in Erscheinung. Die Jodmoleküle lägen dann in einer Kette und berührten sich im VAN DER WAALSchen Abstand. Der Jod-Jod-Bindungsabstand wäre unverändert und die Identitätsperiode betrüge 6,21 Å, was ungefähr 2 mal 3,06 Å entspricht (Abb. 29 oben).

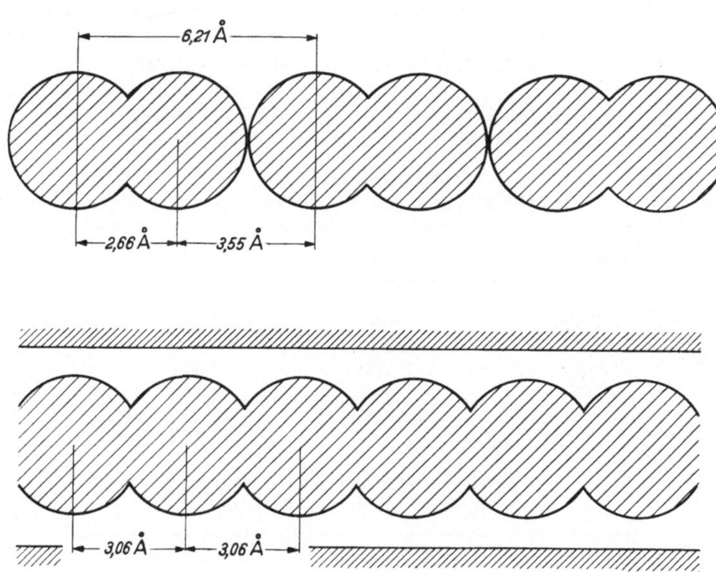

Abb. 29. Strukturbild von Jodketten mit aneinandergereihten Jodmolekülen (oben) und -atomen, nach CRAMER (*33a*).

Die quantitative Auswertung des Röntgenogramms und Intensitätsbetrachtungen zeigen aber, daß in diesem Falle von den ungeraden Ordnungen wenigstens die dritte auftreten müßte, was nicht der Fall ist [v. DIETRICH (*33a*)].

Man muß demnach das in Abb. 29 unten angeführte Strukturbild annehmen, d. h. die gefundenen Schichtlinien sind die 1. und 2. Ordnung einer Identitätsperiode von 3,06 Å, die Jodatome sind alle gleichwertig und die Molekülgrenzen sind verwischt. Der Bindungsabstand einer $^1/_2$-Bindung zwischen Jod-Jod darf nach PAULING (*83b*) normalerweise nicht mehr als 2,90 Å betragen. Der Abstand von 3,06 Å wäre also um 0,16 Å größer, als die theoretische Voraussage erwarten läßt. Diese Differenz muß durch die im Einschlußkanal herrschenden besonderen Verhältnisse erklärt werden. Die Wände des Kanals haben sicherlich einen starken Einfluß auf das sehr „weiche", d. h. leicht polarisierbare Jod.

Im Diamagnetismus des Jods tritt keine meßbare Veränderung ein.

Von der Einschlußverbindung wurden drei Präparate gemessen. Die auf die Feldstärke ∞ extrapolierte diamagnetische Suszeptibilität war in allen Fällen etwas kleiner als sich nach der jeweiligen Zusammensetzung errechnete. Die Effekte liegen knapp innerhalb der Fehlergrenze.

Tabelle 15. *Magnetische Messung nach der Zylindermethode von* GOUY. Nach CRAMER (*26*) ergibt sich:

α-Dextrin $(C_6H_{10}O_5)_6$
Einwaage 0,1480 g, Höhe der Substanz 10 cm

Feldstärke (GAUSS)	Δ mg_{eff}	$\chi \cdot 10^{-6}$	
3542	—0,051	—0,549	
5650	—0,132	—0,548	
8406	—0,290	—0,544	
13320	—0,725	—0,542	
∞		—0,540	gef.
Ber. nach PASCAL		—0,545	

α-Dextrin-Jod-Einschlußverbindung
Einwaage 0,1482 g, Höhe der Substanz 10 cm

Feldstärke (GAUSS)	Δ mg_{eff}	$\chi \cdot 10^{-6}$	
3542	—0,050	—0,537	
5650	—0,120	—0,498	
8406	—0,276	—0,517	
13320	—0,664	—0,495	
∞		—0,480	gef.

Berechnet: %	Δ Substanz	$\chi \cdot 10^{-6}$	
68,5	$(C_6H_{10}O_5)_6$	—0,545	
11,2	H_2O	—0,720	
14,35	J_2	—0,336	
5,43	KJ	—0,395	
99,48	Einschlußverbindung	—0,523	ber.

β-Dextrin bildet wegen seines größeren Hohlraumes nur eine braune Einschlußverbindung, in der sich röntgenographisch keine Jodketten nachweisen lassen.

1 g β-Dextrin, 0,5 g Jod und 0,3 g Kaliumjodid wurden in 60 cm³ Wasser in der Wärme gelöst. Es entstanden 1 g braune Nadeln. Dichroismus, polarisiertes Licht parallel zur Nadelachse wird ausgelöscht. Jodgehalt: J_2: 18,7%, J^-: 3,8%, Gesamtgehalt 23,88%.

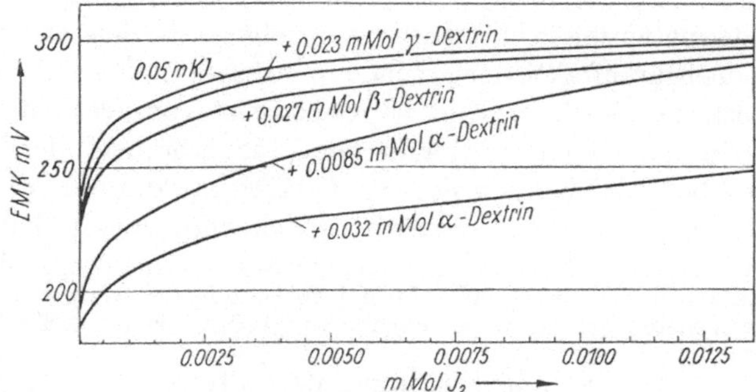

Abb. 30. Potentiometrische Jodtitration bei Gegenwart von Cyclodextrinen nach CRAMER (*26*).

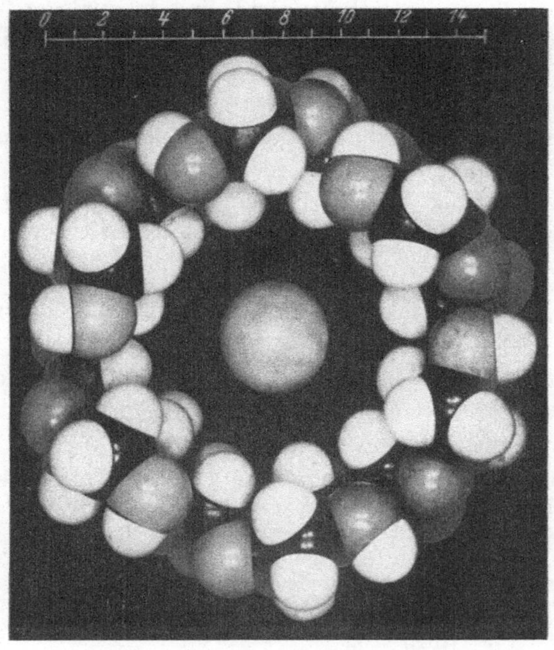

Abb. 31 zeigt nochmals das Molekülmodell der α-Dextrin-Jod-Verbindung nach CRAMER (*29*). Der Beschauer sieht in Richtung der Jodkette.

γ-Dextrin vermag kein Jod zu binden.

Cyclodextrin nimmt schon in Lösung Jod auf, die blaue Farbe kann sich aber erst ausbilden durch Aufeinandertürmen der Ringe zum Kanal. Die Aktivität des Jods in einer Cyclodextrinlösung ist erheblich herabgesetzt, was sich in einer Erniedrigung der EMK des Redoxpotentials J_2/J^- bemerkbar macht (s. Abb. 30). Das gleiche ist für die Stärkefraktionen gefunden worden (*11*). Die Jodreaktion mit „löslicher Stärke" bleibt bei Gegenwart von überschüssigem α-Dextrin aus. Damit wird auch der „Jodverbrauch" der Cyclodextrine bei der Titration nach WILLSTÄTTER-SCHUDEL klar, der eine Anwesenheit reduzierender Gruppen vorgetäuscht hat (*42*).

Aktivität des Jods in Dextrinlösungen: Abgewogene Mengen der Cyclodextrine wurden in 50 cm^3 0,5n KJ gelöst und die EMK mit einem Röhrenvoltmeter bei cm^3-weiser Zugabe von 0,001n Jod (in 0,05n KJ gemessen).

2. Jodverbindung der Stärke.

Die Absorptionsspektren aller blauen Jodverbindungen entsprechen sich im wesentlichen und sind in analoger Weise zu deuten (s. Abb. 27). Auffallend ist das zusätzliche Maximum bei 292 mμ für Amylopektin-Jod.

Die blauen Jodfarben dieser Verbindungen sind z. T. schon in Lösung möglich, weil auch im molekulardispersen Zustand kanalartige Hohlräume vorhanden sind (Schraubenmodell). Für die blaue Polyvinylalkoholjodverbindung hat WEST (*121*) eine in ähnlicher Weise wie oben gedeutete diffuse Röntgeninterferenz für 3,1 Å gefunden.

3. Niedermolekulare Jod-Einschlußverbindungen.

Das Reflexionsspektrum der Jod-Cholsäure zeigt Abb. 27. Einkristalle der 2,6-Diphenylpyron-(4)-jodverbindung zeigen bei selbstverständlich völlig anderem Grundgitter die gleichen 3,06 Å-Jodinterferenzen wie α-Dextrin.

Diphenylpyron-Jodverbindung: 0,083 g Diphenylpyron werden in 10 cm^3 Alkohol gelöst und in der Wärme mit 10 cm^3 n/10 KJ_3 versetzt. Beim langsamen Abkühlen entstehen feine Nadeln, Schmp. 208—209° gegenüber 140° des reinen Diphenylpyrons. Das Gitter der Jodverbindung ist also wesentlich energieärmer. Jodketten parallel zur Nadelachse.

J_2 (titr.)	14,4%	17,9%	9,9%	27,9%
J^- (titr.)	5,9%	—	0,7%	1,1%

Ebensolche eindimensionalen Schichtlinien finden sich bei den Jodverbindungen von Benzamid, Cumarin, Cinchonidin, Piperin (*122*).

Bei denjenigen Jodaddukten, die eindimensionale Schichtlinien aufweisen, ist damit bewiesen, daß diese Addukte Einschlußverbindungen sind. Für die bisher nicht untersuchten dürfte wohl das gleiche gelten.

Es ist nicht einzusehen, warum solche Stoffe nur mit Jod und nicht auch mit anderen räumlich geeigneten Molekülen zu Einschlußverbindungen zusammentreten sollten. Die blaue Jodfarbe ist nach dem bis jetzt vorliegenden Material ein hinreichendes Kriterium für das Vorhandensein von Einschlußkanälen, allerdings kein notwendiges, denn nur solche Kanäle, die ein geeignetes Lumen aufweisen, vermögen den Jodketten Platz zu bieten. Nach diesen Ergebnissen weitet sich das Gebiet der Einschlußverbindungen ganz erheblich aus. Bemerkenswert ist, daß sich unter den Verbindungen, die blaue Jodeinschlußverbindungen bilden, ein hoher Prozentsatz mit physiologischer Wirksamkeit findet, z. B. Sexualhormone, Cortison, Cumarin, Chinin und das krebserregende 3,4-5,6-Dibenzacridin.

Wie kommt aber die tiefe blaue Farbe der Jodaddukte zustande?

Das Jodkettenmolekül bildet eine Resonanzeinheit mit stark aufgelockertem Elektronensystem. Es lag nun nahe, dieses System als eindimensionales Elektronengas im Sinne von H. Kuhn (*68*) zu behandeln. Da die Jodketten streng linear gebaut sind und besonders einfach als „eindimensionales Metall" aufgefaßt werden können, muß sich hier sogar ein besonders übersichtliches Anwendungsbeispiel der Theorie von H. Kuhn ergeben (*28*). Auch der Dichroismus aller blauen Jodaddukte (*120*) steht damit in guter Übereinstimmung.

Man kann annehmen, daß jedes Jodatom der Kette seine 7 Valenzelektronen sämtlich zum Elektronengas beiträgt, denn der Abstand der Jodatome in der Kette ist um 0,4 Å größer als der der normalen J-J-σ-Bindung. Unter der Annahme eines ungestörten Elektronengases, also ohne Berücksichtigung des durch die Atomrümpfe erzeugten periodischen Potentials, mit 7 Elektronen pro Kettenglied ergibt sich bei 14 Kettengliedern mit 3,06 Å Abstand ein Absorptionsmaximum bei 6116 Å gegenüber experimentell 6200 Å für Jodamylose. Die Oszillatorenstärke der sehr breiten und dichten Bande berechnet sich zu 3,8 gegenüber etwa 2,5 experimentell, bezogen auf J_2.

Beim enzymatischen Ab- bzw. Aufbau der Amylose verschwindet bzw. erscheint die blaue Farbe (Absorptionsmaximum etwa 6000 Å) bei Bruchstücken von 30—35 Glucoseresten (*117*). Das entspricht unter Zugrundelegung des Schraubenmodells Jodketten von etwa 14 Jodatomen. Die Kettenlänge ist aber sicher nicht einheitlich, sondern stellt einen Mittelwert dar. Das erklärt auch die Breite des Absorptionsbereiches zwischen 4000 und 10000 Å. Theoretisch ergeben sich bei verschiedenen Kettenlängen J_n folgende Absorptionsmaxima lt. nebenstehender Tabelle.

Tabelle 16.

n =	Maximum bei Å	
	ber.	gef.
10	4351	
11	4793	
12	5233	
13	5676	
14	6116	6200
15	6557	
20	8763	
100	44066	

Die röntgenographischen Daten machen es wahrscheinlich, daß die Kettenlänge J_{14} nur einen Mindestwert darstellt und daß die durchschnittlichen Werte etwas höher liegen. Die Theorie liefert also bisher nur genaue Werte für relativ kurze Jodketten. Soweit sich bisher übersehen läßt, dürfte die Korrektur, die das periodische Potentialfeld mitberücksichtigt, die Absorptionsmaxima nicht wesentlich verschieben.

Das vorgeschlagene Modell der blauen Jodfarben hat gegenüber früheren Deutungsversuchen den Vorteil, nicht nur allen experimentellen Daten gerecht zu werden, sondern auch eine qualitative und nahezu quantitative Erklärung der Lichtabsorption zu geben.

IV. Trennung von optischen Antipoden.

Die Trennung von optischen Antipoden eines Racemates wird seit Pasteur durch Bildung von Diastereomeren ausgeführt. Dabei wird als optisch aktive Hilfssubstanz eine Verbindung gewählt, die mit der zu trennenden Verbindung entweder ein Salz bildet oder eine andere chemische Reaktion eingeht, die sich später wieder rückgängig machen läßt, wenn man die reine optisch aktive Komponente gewinnen will. Eine Trennung ist deshalb möglich, weil die beiden Diastereomeren verschiedene Löslichkeitseigenschaften aufweisen können.

Theoretisch muß diese Art der Trennung von optischen Antipoden unabhängig sein von der Art der Bindung, die sich zwischen den Komponenten, dem Racemat und der optisch aktiven Hilfssubstanz, ausbildet. Es bestand daher die Möglichkeit, daß es bei der Bildung von Einschlußverbindungen, die selbst optisch aktiv sind, mit racemischen Gastmolekülen zu einer Spaltung eines Racemates kommen könnte. Bereits WINDAUS (*125*) hat bei der Untersuchung der Molekülverbindungen des Digitonins festgestellt, daß den Antipodenformen der Digitoninverbindungen verschiedene Löslichkeiten zukommen. So konnte d,l-α-Terpineol teilweise in die Antipoden zerlegt werden. Indessen herrscht über die Art der Verbindung zwischen Digitonin und Terpineol oder zahlreichen anderen organischen Verbindungen noch keine völlige Klarheit. d- und l-Campher ließen sich mit Hilfe von Desoxycholsäure, also über die diastereomeren Choleinsäuren in die Antipoden zerlegen, wie SOBOTKA (*110*) finden konnte. Er erhielt ein zu 12% optisch aktives Material. Hier wirkt also die optisch aktive Desoxycholsäure als Hilfssubstanz zur Trennung der Antipoden.

1. Cyclodextrine.

Nach CRAMER (*27*) gelingt es, mit Hilfe der Cyclodextrine racemische Säureester in die Antipoden zu zerlegen. Das Verfahren ist insofern besonders übersichtlich, als es sich hier mit Sicherheit um eine Racematspaltung mit Hilfe eines Hohlraumes handelt, der optisch aktive Wände besitzt. Der Hohlraum des Cyclodextrins wird durch die optisch aktiven Glucosemoleküle begrenzt. Nebenvalenzen, die im Falle des Digitonins oder der Desoxycholsäure noch eine Rolle spielen könnten, sind hier nicht denkbar. Die Trennung kann verglichen werden mit der schon gelegentlich erzielten Antipodentrennung an Chromatographiesäulen aus optisch aktivem Material [vgl. (*33*)]. In letzterem Falle handelt es sich um eine optisch spezifische Adsorption.

Die Trennung von optischen Antipoden mit Hilfe der Cyclodextrine unterscheidet sich nicht grundsätzlich von den bisher geübten Trennungen. Man hat hier folgende Diastereomere zu unterscheiden:

(d(+)-Cyclodextrin) (+Ester)
(d(+)-Cyclodextrin) (—Ester)

Diese beiden Verbindungen unterscheiden sich durch Löslichkeit oder Kristallisationsgeschwindigkeit, so daß man im Endergebnis mehr von der einen Verbindung erhält. Wesentlich an dieser Art der Antipodentrennung ist erstens, daß es sich mit Sicherheit um eine Trennung über Einschlußverbindungen handelt und zweitens, daß man damit die einfache experimentelle Möglichkeit hat, Racemate ohne irgendwelche funktionellen Gruppen zu spalten. Da Cyclodextrine mit Molekülen verschiedenster Größe besonders leicht Einschlußverbindungen liefern, könnten sich hier einfache Trennungsmöglichkeiten ergeben.

Die Verhältnisse wurden untersucht an Phenylbromessigester, Phenylchloressigester und Mandelsäureester. Diese Ester bilden sehr leicht Addukte. Wenn man daher eine Cyclodextrinlösung mit einem stöchiometrischen Unterschuß an flüssigem Ester durchschütteln würde, so fiele sämtlicher Ester als Addukt aus und man könnte daher keine Trennung erzielen. Es ist deswegen notwendig, mit einem Unterschuß an Dextrin zu arbeiten. Je größer der Überschuß an Ester, um so eher ist dem Dextrin die Möglichkeit geboten, den passenden Antipoden auszuwählen. Es wurde daher mit einem etwa 10fachen Überschuß an Ester gearbeitet. Die Trennung ist bei einem Durchgang nicht vollständig, man erhält folgende optische Aktivität:

Mandelsäureester	3,6%
Phenylchloressigester	3,05%
Phenylbromessigester	14%

Phenylbromessigester, $(\alpha)_D = 16°$ (Alkohol).

3 g β-Dextrin werden in 200 cm³ Wasser gelöst, dazu werden 5 cm³ Phenylbromessigester gegeben. Dann wird auf 0° abgekühlt und 1 Std. auf der Schüttelmaschine geschüttelt. Die wäßrige Schicht wird anschließend durch Zentrifugieren abgetrennt, der Rückstand mehrmals mit abs. Äther ausgezogen, wobei der Äther den übriggebliebenen Ester aufnimmt. Der Äther mit dem nicht eingeschlossenen Ester wird mit Na_2SO_4 getrocknet und abgedampft. Es hinterbleiben 4,5 cm³ nicht eingeschlossener Ester, der im Vakuum destilliert wird. Das ausgefallene Addukt, das mit Äther gewaschen und trocken ist (2,45 g), wird in 150 cm³ Wasser bei 70° gelöst und mit einem Überschuß von Trichloräthylen versetzt. Dabei fällt das Trichloräthylenaddukt des β-Dextrins aus. Dieses wird abzentrifugiert, der frei gewordene in überschüssigem Trichloräthylen gelöste Ester wird abgetrennt und isoliert.

Drehung in Äthanol:

1. Eingeschlossener Ester $(\alpha)_D = \frac{-0,06 \cdot 100}{25,6 \cdot 1} = -0,22°$ entsprechend 14% optischer Aktivität.

2. Nichteingeschlossener Ester: Drehung positiv innerhalb der Fehlergrenzen.

Die d(—)-Komponente wird bevorzugt eingelagert.

Phenylchloressigester, $(\alpha)_D = 108°$ in abs. Äthanol. Die Einschlußverbindung wird aus 3 g Dextrin und 2,5 g Ester in der gleichen Weise hergestellt.

Drehung in abs. Äthanol:

1. Eingeschlossener Ester (0,317 g in 2 cm³ Äthanol)

$$(\alpha)_D = \frac{-0{,}52 \cdot 100}{15{,}85 \cdot 1} = -3{,}29°$$ entspricht 3,05% Aktivität.

2. Nichteingeschlossener Ester (0,5277 g)

$$(\alpha)_D = \frac{+0{,}09 \cdot 100}{10{,}55 \cdot 1} = +0{,}85°.$$

Die d(—)-Komponente wird bevorzugt eingelagert.

Mandelsäureester $(\alpha)_D = 180°$ in CS_2.

Die Einschlußverbindung wird auf die gleiche Weise aus 4 g β-Dextrin und 6 g Mandelsäureester hergestellt.

Drehung in Schwefelkohlenstoff:

1. Eingeschlossener Ester $(\alpha)_D = \frac{-0{,}15 \cdot 100}{2{,}29 \cdot 1} = -6{,}5°$ entspricht 3,6% Aktivität.

2. Nichteingeschlossener Ester $(\alpha)_D = \frac{+0{,}14 \cdot 100}{15{,}7 \cdot 1} = +0{,}89°$.

Die d(—)-Komponente wird bevorzugt eingelagert.

2. Harnstoff.

Kurze Zeit später fand SCHLENK (*106*), daß man mit Hilfe des Harnstoffgitters Antipoden spalten kann. Das Kristallgitter des hexagonalen Harnstoffs, also des Harnstoffs in den Addukten, ist so gebaut, daß die Harnstoffmoleküle auf den Flächen des hexagonalen Prismas der Elementarzelle liegen. Das Gitter gehört zur Symmetrieklasse D_6, ist also ein Gitter ohne Symmetriezentrum. Wie das Gitter des Quarzes weist auch der hexagonale Harnstoff eine hexagonale Schraubenachse als Symmetrieelement auf. Es liegen jeweils gleichorientierte Harnstoffmoleküle auf einer Schraubenlinie, die um die hexagonale Elementarzelle herumläuft. Drei solcher Schraubenlinien laufen parallel, wie man aus Abb. 8 entnehmen kann. Die Schraubenlinien können nun im Sinne einer rechtsgängigen und einer linksgängigen Schraube angeordnet sein. Die Verhältnisse sind genau die gleichen wie beim d- und l-Quarz, die beiden spiegelbildlichen Formen sind energetisch vollkommen gleichwertig und können beim Auskristallisieren in verschiedener Menge entstehen, je nachdem welche Keime sich zufällig zuerst gebildet haben. Ähnliche Verhältnisse sind beim Natriumchlorat, Benzil, Mesityloxyd-oxalsäuremethylester u. a. schon früher gefunden werden.

Wenn man dem Harnstoff ein Racemat anbietet, dessen Komponenten für die Harnstoffaddition geeignet sind, so gibt es z. B. mit 2-Chloroctan folgende Möglichkeiten der Kristallisation:

(Harnstoff-Rechtsschraube) ((+)-2-Chloroctan)
(Harnstoff-Rechtsschraube) ((—)-2-Chloroctan)
bzw.
(Harnstoff-Linksschraube) ((+)-2-Chloroctan)
(Harnstoff-Linksschraube) ((—)-2-Chloroctan)

Hier liegen jeweils zwei Paare von Diasteromeren vor, die sich in ihren skalaren Eigenschaften unterscheiden. Wenn man etwa das erste Paar in Betracht zieht, so ergeben sich Unterschiede in der Löslichkeit und Kristallisationsgeschwindigkeit, die ein bevorzugtes Auskristallisieren der einen Komponente bewirken. Bei entsprechendem Animpfen mit Rechtsharnstoff kann man bei vorsichtigem Kristallisieren ausschließlich zu Rechtsharnstoffkristallen kommen. Wenn ein Überschuß von Chloroctan angewandt wurde, bleibt wie im Falle der Cyclodextrintrennung optisch aktives Material der einen Drehungsrichtung zurück, während in der Einschlußverbindung das der anderen Drehungsrichtung angereichert ist. Die Trennung ist auch hier bei einem Durchgang bei weitem nicht vollständig, es ließ sich aber durch sehr häufiges Wiederholen der Operation ein 95,6% rechtsdrehendes 2-Chloroctan erhalten.

Die Methode ist insofern interessant, als mit Hilfe inaktiver Moleküle, die jedoch zu einem optisch aktiven Gitter zusammentreten, Racemente gespalten werden. An Stelle des PASTEURschen aktiven Hilfsmoleküls tritt also hier ein aktives Gitter. Im übrigen erfolgt die Trennung aber auch über Diastereomere.

Das asymmetrische Gitter entsteht spontan und es ist zunächst nicht abzusehen, ob in der rechts oder links gewundenen Schraube. Wenn man in bestimmter Weise impft, was sich bei praktischen Trennungen empfiehlt, kann man den inaktiven Harnstoff vollständig in die eine oder andere Form bringen.

3. Tri-o-thymotid.

Tri-o-thymotid bildet, wie auf Seite 46 erwähnt, Einschlußverbindungen mit Benzol, Cyclohexan, Chloroform u. a. Abb. 32 zeigt das schematische Molekülmodell des o-Trithymotids.

Aus Modellbetrachtungen ergibt sich, daß das Molekül nicht coplanar liegen kann, da sich sonst die Carbonylgruppen und die o-ständigen Substituenten am Benzolkern behindern würden. Das Molekül hat nun außer einer dreizähligen Achse keinerlei Symmetrie. Wegen der Neigung der Benzolkerne hat es die Gestalt eines dreiblättrigen Propellers mit leicht angestellten Blättern. In Abb. 32 ist der Propeller so gezeichnet, daß die Methylgruppen auf der gleichen Seite liegen wie die Carbonylgruppen. Durch Drehen der CO-O-Valenz kann man die Schraube in ihr Spiegelbild verwandeln, wobei die Isopropylgruppen auf die Seite der Carbonylgruppen zu liegen kommen. Das Molekül kann also als Rechts- und Linksschraube bzw. als Vor- und Rückwärtspropeller vorkommen. Die beiden Formen sind optische Antipoden. Wegen der freien Drehbarkeit um die Einfachbindung scheint die Möglichkeit der Isolierung der beiden Antipoden ausgeschlossen. Infolge der sterischen Behinderung zwischen Carbonyl und Substituent ist jedoch der Übergang der beiden Formen ineinander erschwert. POWELL (*80*) gelang es, über die Einschlußverbindung die optischen Antipoden des Tri-o-thymotids zu erhalten, die sehr labil sind.

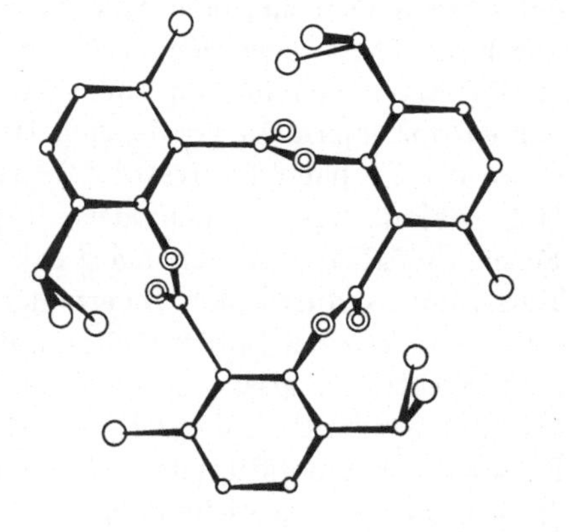

Abb. 32. Schematische Darstellung des o-Trithymotids. Die dem Beschauer zugewandten Bindungsenden sind dicker gezeichnet. Nach POWELL (*80*).

Aus den röntgenographischen Daten des aus Methanol umkristallisierten reinen o-Trithymotids und der Raumgruppendiskussion ergibt sich, daß das aus Methanol umkristallisierte Produkt gleiche Mengen der Rechts- und Linksform enthält, im ganzen 4 Moleküle je Elementarzelle. Auf gleiche Weise ergibt sich, daß im Cyclohexanaddukt alle 6 Trithymotidmoleküle in der Elementarzelle *dieselbe* geometrische Struktur haben müssen, daß also die Einschlußverbindung kein Racemat ist, sondern daß jeder Kristall einheitlich nur aus Rechts- bzw. Linksform besteht. Das gleiche gilt für das Benzol- und Chloroformaddukt. Die Kristalle unterscheiden sich äußerlich nicht, wie das etwa Quarz tut. Es ergibt sich aber aus der Zugehörigkeit zu einer bestimmten Raumgruppe, daß es sich hier um sterisch einheitliche Moleküle handelt.

Wenn man Einkristalle von Benzol-Trithymotid züchtet, erhält man also entweder nur die Rechtsschraube oder nur die Linksschraube. Es gelang nun, Kristalle bis zum Gewicht von 1 g zu erhalten. Wenn man diese in Chloroform auflöst, erhält man entweder eine rechts oder links drehende Lösung, deren Drehung durch das aktiv gewordene Trithymotid hervorgerufen wird.

Es handelt sich hier um einen Fall von Molekülasymmetrie, der der Atropisomerie zu vergleichen ist, insbesondere der Atropisomerie von Terphenylderivaten (*1*). Während aber bei einem zweifach gehinderten Terphenylderivat prinzipiell vier verschiedene Formen möglich sind, verringert sich die Möglichkeit im Falle des Trithymotids durch den innermolekularen Ringschluß und die Gleichartigkeit der Substituenten auf zwei.

Die Aktivierungsenergie der Racemisierung von Atropisomeren beträgt etwa im Falle der 2,4'-Dinitrodiphensäure 26 kcal/Mol (*69*). Für das Trithymotid ergibt sich aus der Temperaturabhängigkeit der Racemisierungsgeschwindigkeit 16 kcal/Mol, es ist also wesentlich leichter racemisierbar als die gewöhnlichen Atropisomeren.

Temp. °K	274,6	280,2	283,3	288,2	294,6	294,4
$(\alpha)_D$	65	68	67	72	83	77
Halbwertszeit in min	34	16	12	6,4	2,4	

In allen drei Fällen — mit Cyclodextrin, Harnstoff und Trithymotid — werden optische Antipoden auf dem Umweg über Einschlußverbindungen gespalten. In allen drei Fällen handelt es sich aber um verschiedene Vorgänge. Bei den Cyclodextrinen wird ein optisch aktives, einschließendes *Molekül* verwendet. Bei den Harnstoffaddukten ist das einschließende *Gitter* eine Rechts- oder Linksschraube. Das o-Trithymotid stellt eine *inaktive* Substanz dar, die als ein Racemat von zwei sehr leicht ineinander übergehenden atropisomeren Stoffen zu denken ist. Mit Hilfe eines inaktiven Hilfsstoffes ordnen sich die Trithymotidmoleküle im Kristall einsinnig als Rechts- oder Linkspropeller an. Durch die Bildung der Einschlußverbindung, also während des Kristallisationsvorganges, können bei gleichzeitiger Wärmebewegung sämtliche Moleküle in die eine Form gebracht und in dieser festgehalten werden. Es handelt sich also nicht um eine Spaltung, sondern um eine Umlagerung der gesamten Menge in die eine sterische Form. Diese Form bleibt dann auch beim Auflösen eine Zeitlang erhalten.

Auch die Trennung von optischen Antipoden des Gastmoleküls scheint durch Trithymotid möglich (*89*), dieses Verfahren entspricht der Trennung mit Cyclodextrin bzw. Harnstoff.

Die in diesem Kapitel gezeigten Ergebnisse sind vielleicht geeignet, einiges Licht auf die Frage nach der „optischen Urzeugung" und nach der optischen Spezifität der Fermente zu werfen. Für die Entstehung der optischen Aktivität gab es bisher folgende Hypothesen:

1. Antipodentrennung durch spezifische Adsorption oder Katalyse an optisch aktivem Quarz [Pasteur, vgl. (*73*)].

2. Bildung eines Konglomerates und zufällige Abtrennung eines Kristalles eines Antipoden aus diesem Konglomerat. Dieser Kristall kann dann weitere Racematspaltungen veranlassen, wenn er in die Lösung eines anderen Racemates gelangt [Read (*92a*)].

3. Zirkular polarisiertes Licht vermag aus einem Racemat die eine Komponente bevorzugt zu zerstören, so daß die andere übrig bleibt.

Diese Möglichkeit ist durch einen Modellversuch von W. Kuhn (*71*) gestützt worden, der α-Azido-propionsäure-dimethylamid durch Bestrahlung mit polarisiertem Licht teilweise optisch aktiv machen konnte.

Hinzu tritt nun als neue, wohl wahrscheinlichste Möglichkeit die Antipodentrennung durch Einschlußverbindungen. Harnstoff kann spontan als d- oder l-Form-Einschlußverbindung auftreten und daher bei Gegenwart eines Racemates dieses spontan spalten. Diese Möglichkeit ist insofern am wahrscheinlichsten, als sich die Bildung von Einschlußverbindungen unter äußerst milden Bedingungen vollzieht. Letzten Endes ist diese Art der Trennung prinzipiell nichts anderes als die schon von Pasteur vermutete spezifische Adsorption an Rechts- oder Linksquarz. Allerdings werden die Verhältnisse im Falle der Einschlußverbindung übersichtlicher, eindeutiger und die Trennungsmöglichkeiten daher größer.

Für die optische Spezifität der Fermente stellt das Cyclodextrin ein Modell dar. Hier wird nämlich gezeigt, daß für die Antipodentrennung keine vollständige Verbindungsbildung notwendig ist, sondern daß ein Einschließen in den asymmetrischen Hohlraum genügen kann, um Trennungen herbeizuführen.

V. Einschlußverbindungen in Lösung.

Wenn man eine Einschlußverbindung auflöst, so zerfällt sie in die Komponenten, jedenfalls sofern es sich um eine Gittereinschlußverbindung handelt. Nur beim Harnstoff sind einige Erscheinungen gefunden worden, die darauf hinweisen, daß auch schon in Lösung eine Wechselwirkung zwischen Wirt- und Gastmolekül stattfindet. Nach SCHLENK (*103*) ist n-Valeriansäure bei Gegenwart von Harnstoff unbegrenzt in Wasser löslich, während sie sich normalerweise nur zu 12% löst. Daß es sich hierbei nicht bloß um das Ergebnis einer Wechselwirkung zwischen Harnstoff und Carboxylgruppe handelt, sondern tatsächlich um einen der Anlagerung analogen Vorgang, geht daraus hervor, daß die isomere α-Methylbuttersäure durch Harnstoff keine Veränderung der Löslichkeit erfährt, α-Methylbuttersäure bildet kein Harnstoffaddukt. Eine weitere Stütze für die Zusammenlagerung kleiner Bereiche der Einschlußverbindung in Lösung besteht darin, daß beim Auflösen von n-Buttersäure in wäßriger Harnstofflösung eine positive Wärmetönung auftritt, während die Auflösung von Isobuttersäure mit negativer Wärmetönung verläuft (+ 95 kcal bzw. —173 kcal).

Die Fähigkeit von cholsaurem Natrium, lipophile Moleküle in wäßriger Lösung zu halten, wurde bereits auf S. 34 behandelt.

Im allgemeinen gilt jedoch für die Gittereinschlußverbindungen, daß die Verbindung beim Lösungsvorgang in die Komponenten zerfällt. Anders dagegen bei den Cyclodextrinen. Hier findet sich der entscheidende Hohlraum innerhalb eines einzigen Moleküls, bleibt also auch im molekulardispersen Zustande erhalten. Zwar gibt es in Lösung keine Kanäle mehr, denn die Kanäle entstehen durch Aufeinandertürmen der Dextrinringe zum Kristallgitter, es bleiben aber die Hohlräume des Einzelmoleküls erhalten und können auch in Lösung Gastmoleküle aufnehmen. Grundsätzlich kann man also sagen, daß eine Cyclodextrinlösung aus zwei Phasen besteht, einer wäßrigen Phase und einer Phase im Hohlraum des Ringes. Eine derartige Phase soll als „mikroheterogene Phase" bezeichnet werden. Wenn man einen weiteren Stoff in die Lösung hineinbringt, z. B. einen Farbstoff, so wird sich ein Gleichgewicht zwischen der wäßrigen Phase und der mikroheterogenen Phase einstellen. Wie in Abschnitt III (s. S. 76) gezeigt wurde, befindet sich Jod in einer Cyclodextrinlösung größtenteils in der mikroheterogenen Phase. Im folgenden Abschnitt VI werden weitere Beispiele für diese Verhältnisse gebracht.

Aber auch bei den Inklusionsverbindungen makromolekularer Stoffe sind Einschlußverbindungen in Lösung möglich. Hierher gehört z. B. die Jodstärkereaktion (Abschnitt III, s.S. 76) und die Additionsverbindungen von Proteinen (Abschnitt II C 5, s. S. 61).

VI. Energetische Verhältnisse in Einschlußhohlräumen.

Zur Beantwortung der Frage, ob die eingeschlossenen Moleküle vollkommen unverändert in dem Hohlraum liegen oder ob sie irgendwelchen Kräften ausgesetzt sind, wurden Einschlußverbindungen von Farbstoffen hergestellt [CRAMER (*24*, *25*)]. Dabei zeigte sich, daß charakteristische Farbänderungen der eingeschlossenen Moleküle auftreten, die auf eine Lockerung der Elektronensysteme hindeuten.

In Untersuchungen von SCHEIBE (*101*) und FÖRSTER (*37*) ist gezeigt worden, daß bei der Bildung VAN DER WAALscher Additionsverbindungen Verschiebungen der Absorptionsmaxima nach längeren Wellen auftreten können. In den mehrseitig umschlossenen Hohlräumen der Einschlußverbindungen ist die Einwirkung auf die Elektronensysteme besonders stark. Die dort herrschenden Feldkräfte sind offenbar so groß, daß Wirkungen auftreten, die denen in alkalischem Medium vergleichbar sind. p-Nitrophenol wird aus neutraler wäßriger Lösung in der gelben „Aci-Form" eingeschlossen (s. Abb. 35). Den Zustand hoher Elektronendichte in einem solchen Molekülhohlraum könnte man also in ganz weit gefaßtem Sinne als alkalisch bezeichnen. So hat SOBOTKA (*109*) schon 1932 gefunden, daß enolisierbare Verbindungen in Choleinsäuren praktisch vollständig enolisiert sind. l-Isopropylazulen erfährt eine Verschiebung des Hauptmaximums um 300 Å nach längeren Wellen (s. Abb. 35). Malachitgrün und Kristallviolett bilden mit β-Dextrin und Desoxycholsäure Einschlußverbindungen. Die wäßrigen Lösungen von Malachitgrün und Kristallviolett in einer gesättigten β-Dextrinlösung erscheinen stärker blau als die in reinem Wasser oder in einer Glucoselösung gleicher Konzentration. Die spektroskopische Untersuchung zeigt eine Verbreiterung und Verschiebung der Banden im Sinne einer Vermehrung

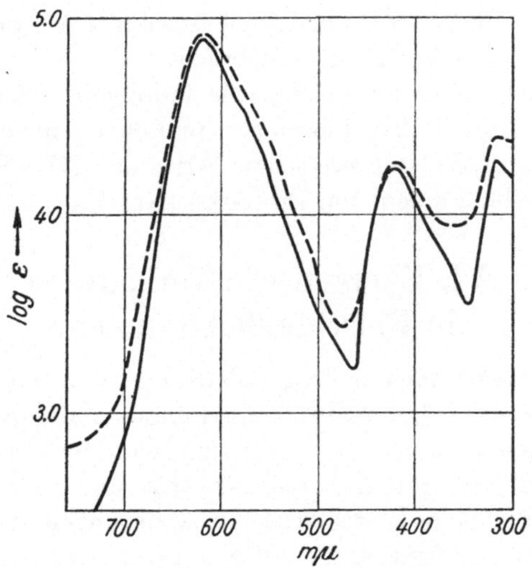

Abb. 33. Absorptionsspektrum von Malachitgrün ohne ——— und mit – – – – Zusatz von β-Dextrin nach CRAMER (25).

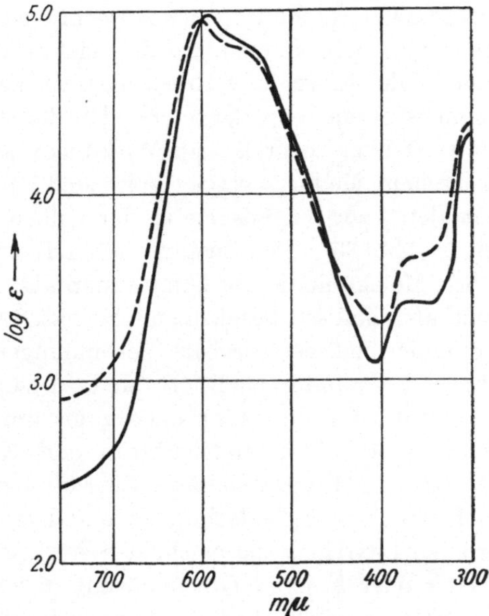

Abb. 34. Absorptionsspektrum von Kristallviolett ohne ——— und mit – – – – Zusatz von β-Dextrin nach CRAMER (25).

der Chromophore (s. Abb. 33 und 34). Beim Acetylaceton wird der Gehalt an Enol bzw. Enolat durch Cyclodextrin vermehrt (s. Abb. 36).

Ähnliche Verhältnisse zeigen sich nach Zugabe von β-Dextrin zu einer Pelargonidin- oder Cyaninlösung. Die Farbe der Lösungen ist wesentlich nach blau verschoben. Möglicherweise sind die blauen Blütenfarben auf

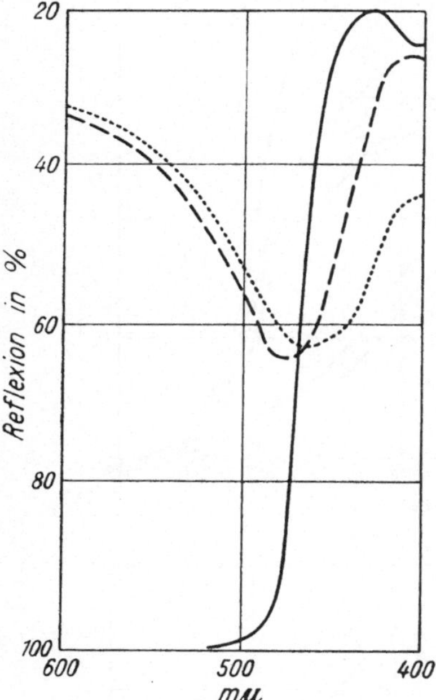

Abb. 35. Reflexionsspektren fester Einschlußverbindungen nach CRAMER (25). β-Dextrin-p-nitrophenol ———; β-Dextrin-1-isopropylazulen – – – –, 1-Isopropylazulen auf Glucose - - - - - -.

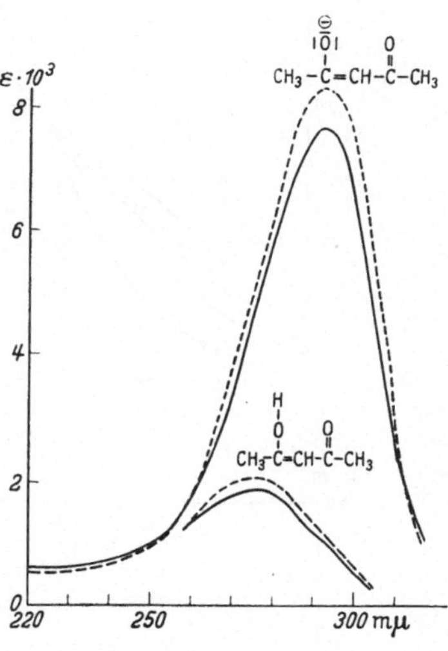

Abb. 36. Absorptionsspektrum von Acetylaceton ohne ——— und mit – – – – Zusatz von β-Dextrin nach CRAMER (32a), unten p_H 7 (Enol), oben p_H 8,4 (Enolat).

Einschlußverbindungen der Anthocyane zurückzuführen. Die Additionsverbindung β-Dextrin-Farbstoff wäre dann ein einfaches Modell des Systems

Blütenfarbstoff = Anthocyan + Copigment.

Man vermeidet damit eine bisherige Schwierigkeit: Die Anthocyane sind bekanntlich in alkalischem Medium unbeständig, die Kornblume müßte also nach den bisherigen Vorstellungen recht bald ausbleichen.

Wenn man Indikatoren, z. B. Methylorange zu einer angesäuerten α-Dextrinlösung gibt, so bleibt der Indikator gelb. Der mit der Glaselektrode gemessene p_H-Wert ist dagegen vollkommen unverändert gegenüber einer cyclodextrinfreien Lösung. Diese

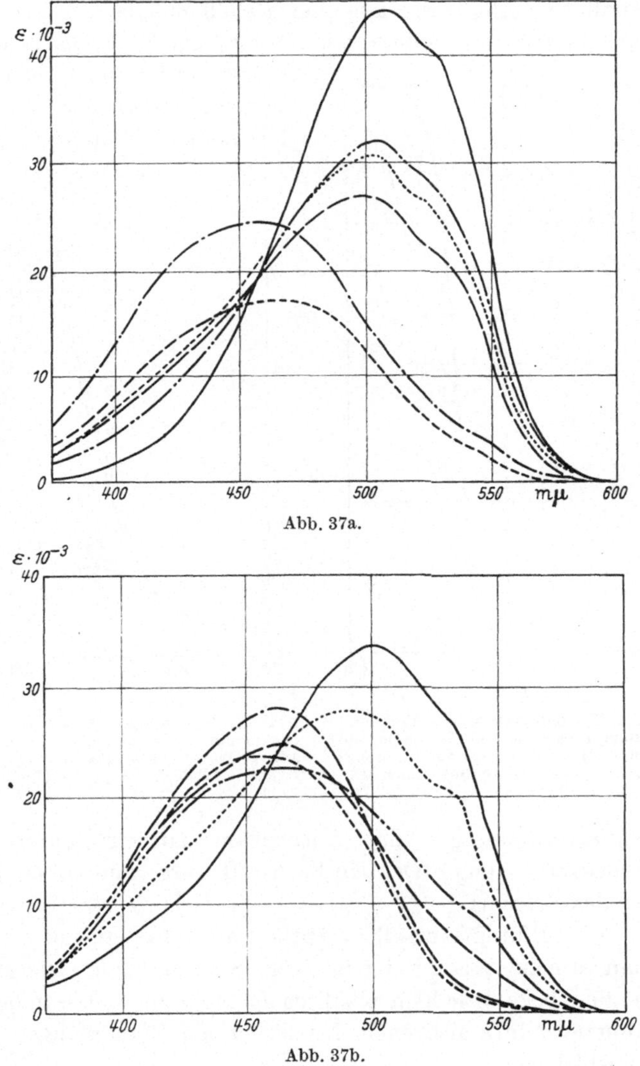

Abb. 37a.

Abb. 37b.

Effekte sind sehr spezifisch; so wird etwa das große Molekül des Kongorots durch γ-Dextrin eingeschlossen und eine solche Lösung wird dann durch Ansäuern nicht blau. β-Dextrin kann das Kongorotmolekül nicht mehr aufnehmen, hier findet also ein vollkommen normaler Farbumschlag statt. Diese Erscheinung erinnert auffallend an das Verhalten gelöster Proteine (vgl. Abschn. II C 5, S. 61) Es ist daher von Interesse, die Einschlußverbindungen der Cyclodextrine in Lösung mit Farbstoffproteinsymplexen zu vergleichen.

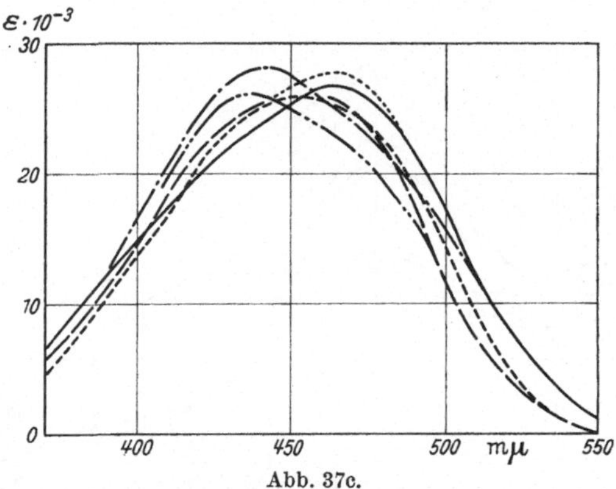

Abb. 37c.

Abb. 37a—c. Absorptionsspektren von Methylorange: a) p_H 2,0; b) p_H 3,2; c) p_H 7,0. ——— ohne Zusatz; — — — — α-Dextrin; — — — β-Dextrin; — - - — - - γ-Dextrin; - — - — - menschliches Serumalbumin; - - - - - - menschliches γ-Globulin. Nach CRAMER (*32*). (Die Proteinproben stammen von Prof. J. T. EDSALL, Harvard)

Abb. 37a, b, c zeigt die Spektren von Methylorange bei p_H 2, 3,2 und 7,0. Die topochemische Salzbildung ist am stärksten mit α-Dextrin, ganz entsprechend der Tatsache, daß das kleine Molekül des Methylorange den Hohlraum im α-Dextrin am besten ausfüllt, wenn es mit seiner Längsachse in den Dextrinhohlraum hineingeschoben wird. Das Spektrum mit α-Dextrin ähnelt hier sehr dem mit Serumalbumin.

Das große Molekül von Kongorot kann dagegen im α-Dextrin und auch im β-Dextrin keinen Platz finden (die Durchmesser der Ringe s. S. 53), hier sind die Spektren bei p_H 2,8 fast gänzlich unverändert (Abb. 38). Der wesentlich größere Hohlraum von γ-Dextrin bindet das Kongorotmolekül und es tritt ein ähnliches Spektrum auf wie mit Serumalbumin.

Serumalbumin bindet demnach große und kleine Farbstoffmoleküle, während die Einschlußverbindungen der Cyclodextrine wesentlich spezifischer sind. Man darf daher das Prinzip der Einschlußverbindung trotz der Ähnlichkeit der Erscheinungen nicht ohne weiteres auf das System Protein-Farbstoff übertragen. Offensichtlich spielen hier mehrere Faktoren eine Rolle, von denen allerdings der „topochemische p_H-Wert" in Hohlräumen des Makromoleküls von entscheidender Bedeutung sein muß. Dies geht, wie bereits oben erwähnt, auch aus der Tatsache hervor, daß bei gleichem p_H-Wert der Lösung auch das kationische Kristallviolett

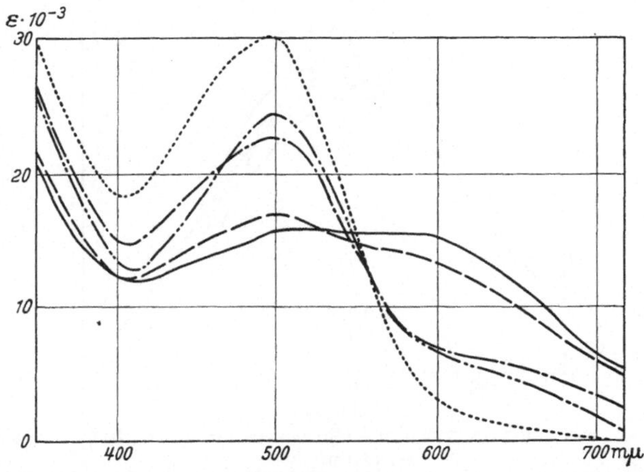

Abb. 38. Absorptionsspektren von Kongorot bei p_H 2,8. ——— ohne Zusatz bzw. mit α-Dextrin; – – – – β-Dextrin; - – - – - – - – γ-Dextrin; - – - – Serumalbumin; - - - - - - ohne Zusatz bei p_H 7. Nach CRAMER (32).

von Serumalbumin gebunden wird. Abb. 39 zeigt die Spektren von Kristallviolett bei p_H 2,0 und 3,2 mit verschiedenen Zusätzen. α-Dextrin ist ohne Einfluß auf das Spektrum, β-Dextrin verschiebt ähnlich wie Serumalbumin und γ-Globulin in Richtung vom 2-wertigen Kation (grün) auf das 1-wertige Kation (violett). Das Verhalten von γ-Dextrin ist zunächst schwer zu deuten, möglicherweise beginnt hier bereits bei p_H 3,2 die Umlagerung zur Carbinolbase.

Das Bindungsvermögen der Cyclodextrine für die verschiedenen Farbstoffe entspricht völlig den bisherigen Vorstellungen, der kleine Hohlraum von α-Dextrin vermag nur kleine Moleküle einzuschließen, das wesentlich größere γ-Dextrin bindet auch noch Kongorot und ist andererseits nicht in der Lage, das relativ kleine Methylorange fest zu binden (vgl. Abb. 37a). Das Bindungsvermögen von gelösten Serumproteinen besteht sowohl für kleinere als auch für größere Moleküle. Daraus ergibt sich, daß das Einschlußprinzip zur alleinigen Erklärung der Proteinsymplexe nicht ausreicht, andererseits scheint uns dieses Prinzip hier wichtig. Beim Vergleich von Proteinsymplexen und Einschlußverbindungen muß man außerdem noch berücksichtigen, daß die Wände des einschließenden Systems im Falle der Cyclodextrine

1. außer OH-Gruppen keine funktionellen Gruppen tragen;
2. fast vollständig starr sind.

Die Proteine enthalten dagegen positive und negative Ladungen und sind außerdem in gelöstem Zustande offenbar in der Lage, ihre Hauptvalenzketten in verschiedener Weise zu falten. Die Verhältnisse liegen also bei Proteinen wesentlich komplizierter.

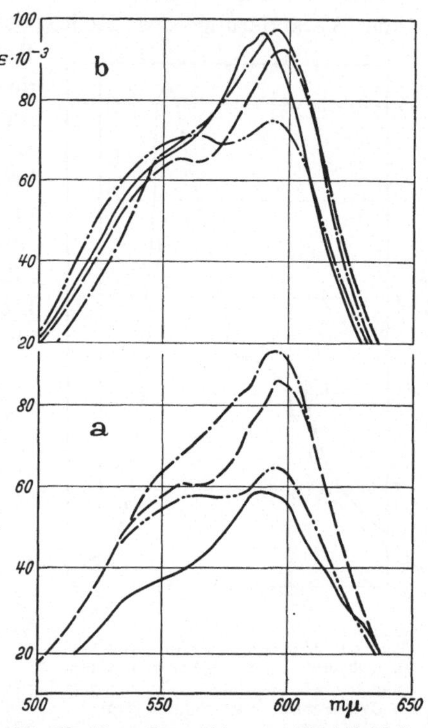

Abb. 39. Absorptionsspektren von Kristallviolett. a) bei p_H 2,0; b) bei p_H 3,2. ——— ohne Zusatz bzw. mit α-Dextrin; – – – – mit β-Dextrin; -·-·-·- mit γ-Dextrin; —·—·— mit Serumalbumin. Nach CRAMER (*32*).

Der Charakter der Spektren eingeschlossener Moleküle wird stets verändert im Sinne einer Verschiebung nach längeren Wellen bzw. im Sinne einer Salzbildung, einer aci-Form, allgemein einer Elektronenauflockerung.

Wie ist das zu erklären? Der Farbstoff befindet sich im Dextrinhohlraum und dieser Hohlraum ist „basisch". In einem allseitig umschlossenen Hohlraum herrscht ein Zustand hoher Elektronendichte. Ein solcher Zustand fördert die Abspaltung von Protonen bzw. die Bildung von Anionen und ist damit im weitesten Sinne basisch. Hierfür mögen in erster Linie die einsamen Elektronenpaare an den Sauerstoffatomen des Dextrinmoleküls verantwortlich sein, d. h.: was eine alkoholische OH-Gruppe allein nicht kann, nämlich als Base wirken, das können die vielen in dem Ring nahe beieinander liegenden OH-Gruppen in einer *topochemischen* Reaktion.

Mit der topochemischen Salzbildung findet aber gleichzeitig eine Veränderung des Redoxpotentials von eingeschlossenen Redoxsystemen statt. Das Redoxpotential von Methylenblau und anderen Farbstoffen wird in Lösungen von Cyclodextrin erhöht, bei einer normalen Salzbildung, d. h. in alkalischer Lösung, müßte es erniedrigt sein (*32b*, *32c*). Die Änderung der Lichtabsorption von Methylenblau ist in Abb. 40 gezeigt.

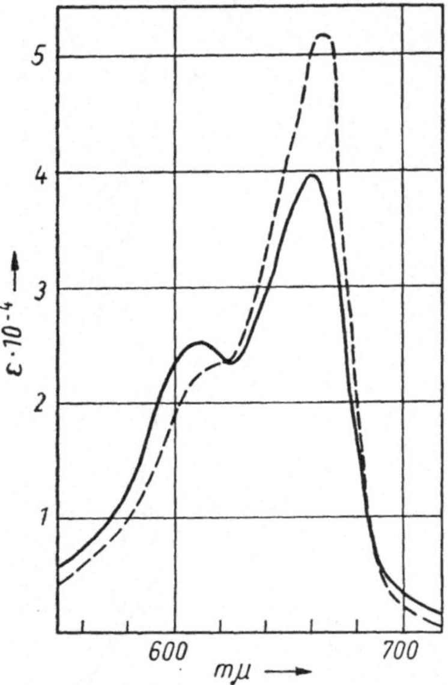

Abb. 40. Absorptionsspektrum von Methylenblau bei p_H 8,3 in Phosphatpuffer. Ohne ——— und mit – – – – 0,5 % Cyclodextrin. Nach CRAMER (*32b*).

Das Redoxpotential von Methylenblau ist bei p_H 8,3 um 0,048 Volt erhöht, und zwar von $E_0' = -0{,}027$ Volt ohne Cyclodextrin auf $E_0' = +0{,}021$ Volt mit Cyclodextrin. Bei p_H 8 ist das Redoxpotential von $E_0' = +0{,}006$ auf $E_0' = +0{,}049$ Volt um 0,043 Volt erhöht.

2,6-Dichlorphenol-indophenol (TILLMANNs Reagens) verschiebt sein Absorptionsmaximum bei Bildung der Einschlußverbindung um 20 mμ nach längeren Wellen.

Das Normalpotential des reduzierenden Systems Farbstoff-Leukoverbindung ist hier bei p_H 8,3 um 0,052 Volt von $E_0' = +0{,}139$ Volt ohne Dextrin auf $E_0' = +0{,}191$ Volt mit Dextrin erhöht.

Im Abschnitt über blaue Jodaddukte (s. S. 76) ist bereits gesagt worden, daß das Redoxpotential von Jod durch α-Dextrin erniedrigt wird. Die Erniedrigung beträgt bei p_H 7 0,059 Volt. Die Oxydationskraft des oxydierenden Systems $J_2/J^{\cdot}$ wird also geschwächt. Für β-Dextrin beträgt die Erniedrigung nur 0,034 Volt ganz entsprechend der Tatsache, daß die räumlichen Verhältnisse für die Bildung der α-Dextrin-Jod-Einschlußverbindung günstiger sind.

Eine Erhöhung des Redoxpotentials von Methylenblau (Me) sagt aus, daß die reduzierende Kraft des Systems Me/MeH_2 geschwächt ist, die Erhöhung des Potentials um 0,048 Volt bedeutet dabei eine Verminderung der Reduktionsfähigkeit um 1,13 kcal/Mol. Der Effekt könnte ein Maß dafür sein, daß das Redoxsystem räumlich abgedeckt ist, er könnte aber auch dadurch bewirkt werden, daß MeH_2 stärker zur Bildung der Einschlußverbindung neigt, so daß MeH_2 aus dem Redoxgleichgewicht entfernt wird und ständig ein relativer Überschuß an Me vorhanden ist. Da das Normalpotential von dem molaren Verhältnis Me/MeH_2 bestimmt wird, bleibt in diesem Falle der jeweils gemessene Potentialwert ständig über dem zu erwartenden.

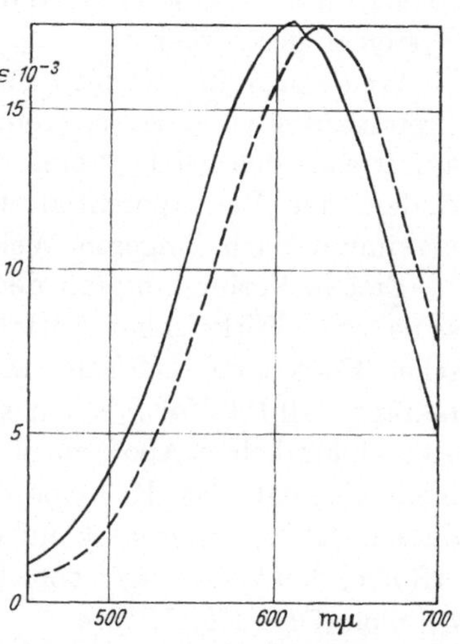

Abb. 41. Absorptionsspektrum von 2,6-Dichlorphenol-indophenol bei p_H 8,3 in sec. Phosphatpuffer ohne ——— und mit – – – – 0,5% β-Dextrin. Nach CRAMER (*32c*).

Es ist aber auch möglich, daß die Elektronen des Einschlußhohlraumes die Anregungsenergie des Überganges

Methylenblau ↔ Semichinon ↔ Leukomethylenblau

an irgend einer Stelle erleichtern. An welcher Stelle des komplizierten Redoxvorganges die Einschlußverbindung wirksam wird, läßt sich jedoch zunächst noch schwer mit Sicherheit entscheiden.

Die gleichen Überlegungen gelten für die Änderung des Normalpotentials von 2,6-Dichlorphenol-indophenol. Die Verbindung ist als halogenhaltiges Molekül besonders geeignet zur Bildung von Einschlußverbindungen. Die Verminderung der Reduktionskraft beträgt hier 1,2 kcal/Mol.

Beim Jod dürften die Verhältnisse etwas übersichtlicher liegen. J_2 hat eine große Affinität zu α-Dextrin. Es wird daher ständig aus dem Redoxgleichgewicht entfernt, was eine Verminderung des Redoxpotentials zur Folge haben muß. Oder anders ausgedrückt: Das Jodmolekül hat als Acceptor das Bestreben, Elektronen aufzunehmen (reduziert zu werden). Diesem Bestreben kommt der Einschlußhohlraum als Donator entgegen, so daß der Potentialunterschied J_2/J' vermindert wird, und zwar um 1,4 kcal/Mol.

Gemeinsam ist allen Fällen, daß die Normalpotentiale durch Bildung der Einschlußverbindung nach einem „Redoxchemischen Neutralpunkte" hin verschoben werden, die Potentiale von reduzierenden Systemen werden verstärkt, von oxydierenden Systemen geschwächt.

Wenn sich im „Gelben Ferment" das Lactoflavin mit dem Proteinanteil vereinigt, so treten dabei die gleichen Erscheinungen auf, wie sie sich bei der Vereinigung Cyclodextrin + Methylenblau finden, das Redoxpotential wird erhöht und das Absorptionsmaximum nach längeren Wellen verschoben (*70a*, *119a*, *119b*). Erst in Verbindung mit dem Apoferment kann das Coferment seine volle Wirksamkeit entfalten und seine speziellen biochemischen Funktionen erfüllen. Das Redoxpotential von Lactoflavin beträgt —0,185 Volt. Wenn sich Flavinmononucleotid mit dem albuminähnlichen Apoferment zum „Alten Gelben Ferment" verbindet, steigt das Redoxpotential auf —0,06 Volt (*70a*). Mit diesem Redoxpotential kann es die ihm zukommende Aufgabe erfüllen, den Wasserstoff vom Dihydro-Nicotinsäureamid zu übernehmen (*70a*, *33b*, *119c*).

Die Potentialverschiebung des Lactoflavins ist mit einer Salzbildung zwischen Coferment und Proteinanteil nicht zu erklären, da bei der normalen Salzbildung (p_H 10,5) das Normalpotential nicht erhöht, sondern erniedrigt wird (E' —0,300) (*70a*). Das Vorliegen eines „topochemischen Salzes" würde dagegen sowohl die Änderung des Redoxpotentials als auch die spektrale Verschiebung und die Spezifität der Bindung erklären.

VII. Katalyse durch Einschlußverbindungen.

Wie im vorigen Abschnitt gezeigt wurde, herrscht im Hohlraum einer Einschlußverbindung eine hohe Elektronendichte. Der Einschlußhohlraum verhält sich daher in vieler Beziehung wie ein Elektronendonator. Man kann daher die Hohlräume solcher Verbindungen als Basen im Sinne von Brønsted und Lewis (*12b*) auffassen. In allen bisher angeführten Beispielen der Überführung von Säuren in ihre Salze oder der Enolisierung von

Carbonylverbindungen durch Einschlußverbindungen handelt es sich um Gleichgewichte einer Basen-Antibasen-Wechselwirkung, wobei das eingeschlossene Molekül als Elektronenacceptor (Protonendonator, Antibase) und das einschließende Molekül als Elektronendonator (Protonenacceptor, Base) auftritt. Dies ist auch der Fall in saurer Lösung, da hier der Hohlraum der Einschlußverbindung als getrennte mikroheterogene Phase aufzufassen ist. Nach CRAMER (*32a*) kann man dieses basische Medium für chemische Reaktionen ausnutzen, d. h. man kann mit Hilfe von Einschlußverbindungen eine Basenkatalyse bewirken.

Wenn eine organische Verbindung beim Einschließen in den Hohlraum eine Verschiebung ihrer Absorptionsbande nach längeren Wellen erfährt, so ist das gleichbedeutend mit der Aussage, daß das Elektronensystem dieses Stoffes aufgelockert ist, und zwar ist eine Verschiebung z. B. von 3000 Å nach 4000 Å gleichbedeutend mit einer Verringerung der optischen Anregungsenergie um etwa 25 kcal. Ein solcher Stoff befindet sich aber in der Regel auch in einem chemisch stärker angeregten, d. h. reaktionsfähigeren Zustand. Zum Beispiel absorbiert Phenolat bei längeren Wellen als Phenol und ist gleichzeitig wesentlich reaktionsfähiger als Phenol selbst. Die Enolformen, die ja in den Einschlußverbindungen bevorzugt zu sein scheinen, absorbieren langwelliger und sind reaktionsfähiger als die Ketoformen. Für unsere Betrachtungen über Einschlußverbindungen bedeutet das aber: Einschlußverbindungen vermögen allein durch ihre räumliche Gestalt beliebige andere Molekeln reaktionsfähiger zu machen.

1. Negative Katalyse.

Spaltung von Indican.

Indican wird durch H^+-Ionen oder Emulsin in Indoxyl und Glucose gespalten. Indican ist ein leicht wasserlösliches Molekül,

O—Gluc (Indican, N—H) $\xrightarrow[\text{Emulsin}]{H^+}$ OH (N—H) + Glucose

Indican

von dem nicht erwartet werden kann, daß es eine unlösliche Einschlußverbindung bildet. Wohl kann es aber nach den räumlichen

Gegebenheiten in den Cyclodextrinring des β-Dextrins hineingelangen, also eine Einschlußverbindung in Lösung bilden. Da die Hydrolyse des Indicans jedoch nur in saurer Lösung stattfindet bzw. durch H-Ionen katalysiert wird, verläuft die Indicanspaltung bei Gegenwart von β-Dextrin nach CRAMER (*27*, *31*) nur mit der halben Geschwindigkeit. Die Hemmung dieser Reaktion ist grundsätzlich anderer Natur als etwa die Stabilisierung von Benzaldehyd oder Azulen. Bei jener Reaktion handelt es sich um ein rein räumliches Absperren der reaktionsfähigen Moleküle, bei dieser um eine Wirkung des basischen Zustandes im Einschlußhohlraum. In dem basischen Medium kann die H-Ionenkatalyse — auch die Wirkung des Emulsins muß ja letzten Endes darauf beruhen — nicht wirksam werden. Der Ausdruck topochemische Basizität ist deshalb gerechtfertigt, weil an dem eingeschlossenen Molekül basische Wirkungen hervorgerufen werden, und zwar ausschließlich durch die räumliche Anordnung der Bausteine. Das wesentliche an dieser Reaktion ist also, daß sie eine organische topochemische Reaktion darstellt, die durch ein räumliches Rastersystem von Molekülen gesteuert wird. Es wird damit die experimentelle Möglichkeit aufgezeigt, daß Makromoleküle, die an sich keine besonderen funktionellen Gruppen tragen, allein durch die Art ihrer räumlichen Faltung und durch die räumliche Anordnung oder Massierung ihrer im Einzelbaustein bedeutungslosen chemischen Merkmale bestimmte chemische Wirkungen hervorrufen können. Im vorliegenden Falle handelt es sich um eine negative Katalyse.

Im Beispiel mit Emulsin ist ein Zusammenhang zwischen Molekül*form* und biochemischer Wirkung gefunden. Das Cyclodextrin wirkt hier nur durch seine räumliche Gestalt, nicht durch funktionelle Gruppen. Der Effekt kann aber nur mit solchen Reaktionspartnern auftreten, die in den Hohlraum hineinpassen. So zeigen sich hier auffallende Parallelen zu den Schlüssel-Schloßbeziehungen biochemischer Vorgänge.

Die Spaltung des Indicans läßt sich bequem manometrisch verfolgen, da das gebildete Indoxyl sich fast augenblicklich unter Aufnahme von einem Atom Sauerstoff zu Indigo umsetzt. Man kann die manometrische Methode stets dann verwenden, wenn die Geschwindigkeit der Glucosidspaltung wesentlich langsamer verläuft als die nachfolgende Oxydation des gebildeten Indoxyls zu Indigo. Indican ist zur qualitativen Prüfung auf Anwesenheit von Glucosidasen schon gelegentlich herangezogen worden (*47*). Das manometrische Verfahren bietet den Vorteil, daß es sich im Warburg-Apparat durchführen läßt, und daß es auch mit trüben

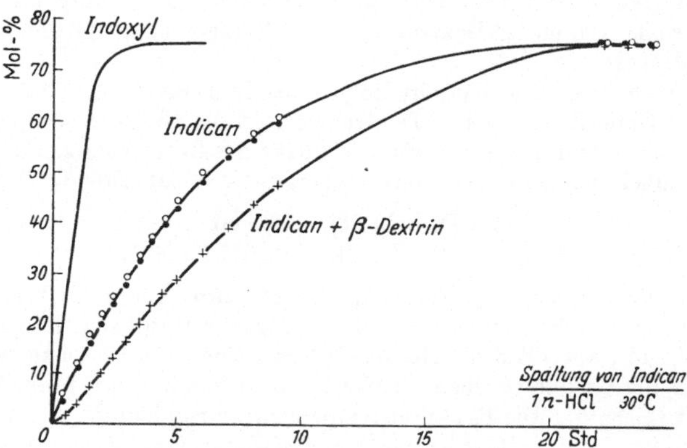

Abb. 42. Spaltung von Indican, ln HCl, 30°. Nach CRAMER (*31*). Oben: Sauerstoffaufnahme einer entsprechenden Menge Indoxyl.

Lösungen ausgeführt werden kann, die dem polarimetrischen Verfahren nicht zugänglich sind. Auf Glucosidasegehalt zu prüfende Pflanzensäfte enthalten häufig Trübungen durch Eiweiß, die nicht entfernt werden können, ohne die Fermentaktivität

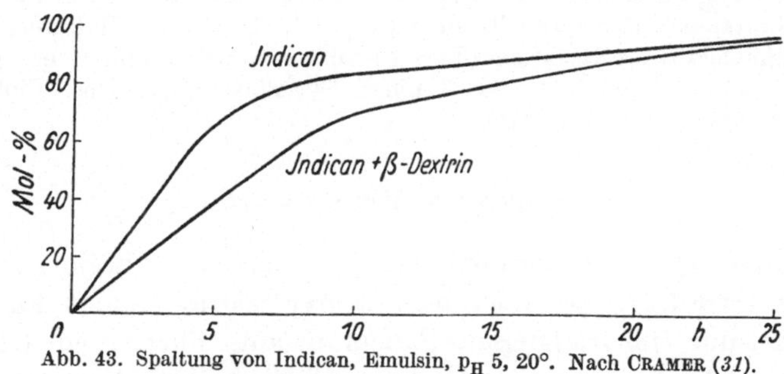

Abb. 43. Spaltung von Indican, Emulsin, p_H 5, 20°. Nach CRAMER (*31*).

herabzusetzen. Wenn die Hydrolyse so rasch verläuft, daß die Oxydation des Indoxyls der geschwindigkeitsbestimmende Schritt wird, so muß durch entsprechende Verdünnung des Ferments die Reaktion auf eine genügend langsame, meßbare Geschwindigkeit gebracht werden.

Das Indican war nach FREUDENBERG (*47*) synthetisch gewonnen. Die Reaktion wurde im Warburg-Apparat manometrisch verfolgt. In den seitlichen Ansatz wurde 1 cm³ Indicanlösung = 0,005 g Indican (mit 3 H_2O) gegeben, das entspricht 0,0143 mMol. Diese Menge verbraucht bei der Spaltung und anschließenden Oxydation 0,0073 mMol O_2 = 0,164 cm³ O_2. Im Hauptgefäß befanden sich 3 cm³ Säure bzw. Puffer mit Emulsin und jeweils 100 mg β-Dextrin und im Blindversuch 100 mg α-Methylglucosid.

Säurespaltung. Die Säurehydrolyse des Indicans erfolgte mit n/10 HCl bei 30°. Ohne Zusatz von β-Dextrin beträgt die Halbwertszeit der Reaktion (T) = 240 min. Daraus ergibt sich für die Geschwindigkeitskonstante der unimolekularen Reaktion eine Konstante $k = 0{,}00290\ \mathrm{min}^{-1}$.

Mit β-Dextrin (T) = 395 min
$k = 0{,}00175\ \mathrm{min}^{-1}$.

Emulsinspaltung. Als Emulsinpräparat wurde ein rohes Präparat aus Mandeln verwendet. 90 mg des rohen Emulsins wurden in 10 cm³ Wasser digeriert und anschließend abzentrifugiert. Von dieser Lösung wurden je 1 cm³ in die Gefäße gegeben. Außerdem wurde mit 2 cm³ prim. Phosphat versetzt ($p_H = 5$). Die Reaktionstemperatur betrug hier 20°.

(T) ohne Dextrin 222 min, $k = 0{,}00312\ \mathrm{min}^{-1}$
(T) mit Dextrin 396 min, $k = 0{,}00175\ \mathrm{min}^{-1}$.

Oxydation von Indoxyl. Die Oxydationsgeschwindigkeit von Indoxyl ist unter den angegebenen Bedingungen wesentlich größer als die Geschwindigkeit der Glucosidspaltung. In saurer Lösung bei p_H 1 verläuft die Oxydation zum Indigo bekanntlich nicht vollständig, da sich dann sauerstoffärmere Kondensationsprodukte des Indoxyls bilden (Indoxylrot). Das Indoxyl wurde im Reaktionsgefäß durch Emulsinspaltung von Indican unter Luftausschluß hergestellt. Bei p_H 1 und 30° beträgt die Halbwertszeit der unimolekularen Reaktion (T) = 54 min, $k = 0{,}0128\ \mathrm{min}^{-1}$, bei p_H 5 und 20° (T) = 72 min, $k = 0{,}00963\ \mathrm{min}^{-1}$. Cyclodextrin hat keinen Einfluß auf die Oxydation von Indoxyl.

2. Positive Katalyse (*32a*).

Furoin (I) ist eine Verbindung, die in alkalischer Lösung rasch oxydiert wird. In neutraler oder saurer Lösung nimmt Furoin dagegen nur äußerst langsam Sauerstoff auf. Furoin eignet sich daher zur Prüfung der Frage, ob der „alkalische“ Hohlraum Reaktionsbeschleunigungen bewirken kann.

Furoin (I) lagert sich in alkalischer Lösung als α-Oxyketon in das Endiol (II) um, das dann wie die meisten Endiole ziemlich rasch zum Diketon, also zum Furil (III) aufoxydiert wird. Der Reaktionsverlauf ist folgender:

```
 Furyl          Furyl          Furyl
 |              |              |
 CHOH           C—OH     O2    C=O
 |       →      ‖        →     |
 C=O            C—OH           C=O
 |              |              |
 Furyl          Furyl          Furyl
 I              II             III
```

Die Umlagerung der Ketoform in die Enolform beginnt normalerweise bei p_H 10, von diesem p_H an wird also Furoin rasch oxydiert.

Wie in Abschnitt VI S.89 gezeigt wurde, vermögen Einschlußverbindungen enolisierbare Stoffe in die Enolformen umzulagern. Deshalb wird die Oxydation von Furoin durch Cyclodextrin katalysiert. Die Verhältnisse werden aus der folgenden Tabelle nach Cramer (*32a*) deutlich.

Tabelle 17. *Halbwertszeiten der Furoinoxydation bei steigendem* p_H *ohne und mit Cyclodextrin sowie bei Gegenwart von* Fe *bzw. Hämin in Glykokollpuffer, (T) in min.*

Zusatz	p_H 9	9,5	10	10,5	11	11,5	12
α-Meth. Glucosid . . .	345	330	240	125	70		7,8
β-Dextrin	345	300	120	73	48		7,8
$+Fe^{+++}$							
α-Meth. Glucosid . . .		480	420	295	210	42	10,8
β-Dextrin		420	270	180	140	36	10,8
+Hämin							
α-Meth. Glucosid . . .	690	420	240	180	100		14
β-Dextrin	690	348	150	90	32		9,6

Tabelle 17a. *Die Geschwindigkeitskonstanten der als unimolekular angenommenen Reaktion betragen* $k\ min^{-1} \cdot 10^3$.

Zusatz	p_H 9	9,5	10	10,5	11	11,5	12
α-Meth. Glucosid . . .	2,0	2,1	2,9	5,6	9,9		89
β-Dextrin	2,0	2,3	5,8	9,5	14,4		89
$+Fe^{+++}$							
α-Meth. Glucosid . . .		1,4	1,65	2,35	3,3	17	65
β-Dextrin		1,65	2,6	3,9	5,0	20	65
+Hämin							
α-Meth. Glucosid . . .	1,0	1,65	2,9	3,9	7		50
β-Dextrin	1,0	2,0	4,6	7,7	22		72

Im Diagramm der Abb. 44 ist die Wirkungsweise des Katalysators nochmals graphisch veranschaulicht. Auf der Abszisse ist der p_H-Wert aufgetragen, auf der Ordinate der Logarithmus der relativen Reaktionsgeschwindigkeit, wobei die RG. bei p_H 9 = 1 gesetzt wurde. Die Differenz der Ordinaten bei p_H 9 und p_H 12 beträgt 1,65, d. h. die Reaktionsgeschwindigkeit ist hier 45mal so groß. Die größte Differenz zwischen der ausgezogenen und der gestrichelten Kurve liegt bei p_H 10,25 mit 0,32. Hier liegt also das Wirkungsmaximum des Katalysators, der eine Steigerung der

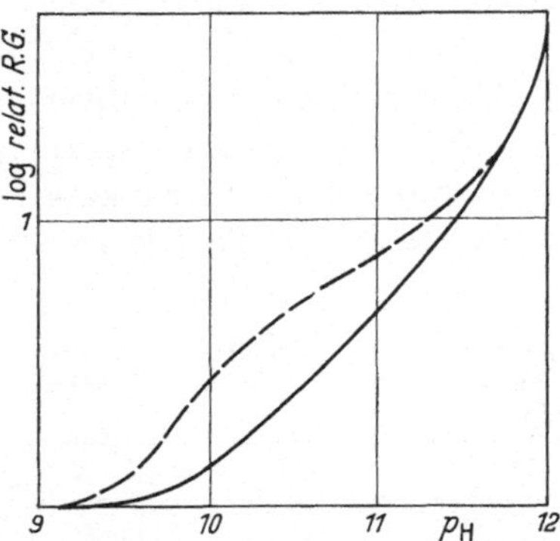

Abb. 44. Wirkungsweise des Cyclodextrin-Katalysators. Ohne ——— und mit – – – – Cyclodextrin. Nach CRAMER (32a).

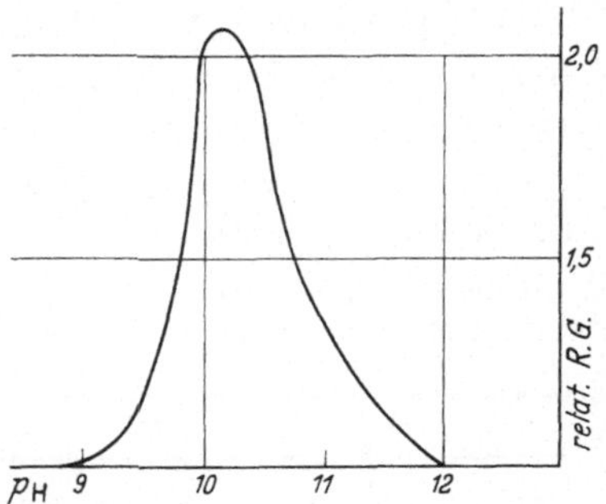

Abb. 45 zeigt das p_H-Optimum des Einschlußkatalysators. Abszisse p_H, Ordinate RG., bezogen auf RG. ohne Katalysator = 1. Nach CRAMER (32a).

RG. auf das 2,1fache hervorruft. Bei p_H größer als 12 verläuft die Reaktion auch ohne Katalysator so rasch, daß eine zusätzliche Wirkung der Einschlußverbindung nicht mehr sichtbar wird.

Die Messungen wurden alle im Warburg-Apparat mit verschiedenen Puffern, meist Glykokollpuffer ausgeführt. Im Hauptgefäß befanden sich 2,5 cm^3 Puffer, dem entweder 0,5 cm^3 Wasser, n/100 Fe^{+++} oder n/100 Hämin zugesetzt war. Im seitlichen Ansatz waren 1 cm^3 einer Lösung, die 0,027 g Furoin enthielt, das sind 0,014 mMol. Diese Menge verbraucht bei der Oxydation zu Furil 0,157 cm^3 O_2. Die Reaktionsgefäße waren mit Luft gefüllt. Es wurden jeweils 0,05 g β-Dextrin bzw. α-Methylglucosid zugesetzt.

Die Verhältnisse sind bei Zusatz von α-Dextrin noch ausgeprägter. Es finden sich Reaktionsbeschleunigungen auf das 4fache.

Die Verhältnisse finden ihren vollständigen Niederschlag im spektroskopischen Verhalten. Die α-Ketolform und die Enolform des Furoins haben selbstverständlich vollkommen verschiedene UV-Spektren. Die Ketoform absorbiert bei 283 mμ, die Enolform bei 308 mμ. Wenn man die UV-Spektren bei steigendem p_H mit und ohne Cyclodextrinzusatz mißt, findet man die in Abb. 46 wiedergegebenen Verhältnisse.

Pyridoin. Das von MATHES, SAUERMILCH und KLEIN (*76*) neuerdings nach einem ergiebigen Verfahren darstellbare Pyridoin wird durch Cyclodextrin nicht rascher oxydiert. Indessen konnte von CRAMER (*32d*) gezeigt werden, daß für Pyridoin nicht Formel I, sondern Formel II zutrifft, und zwar auch schon in neutraler Lösung.

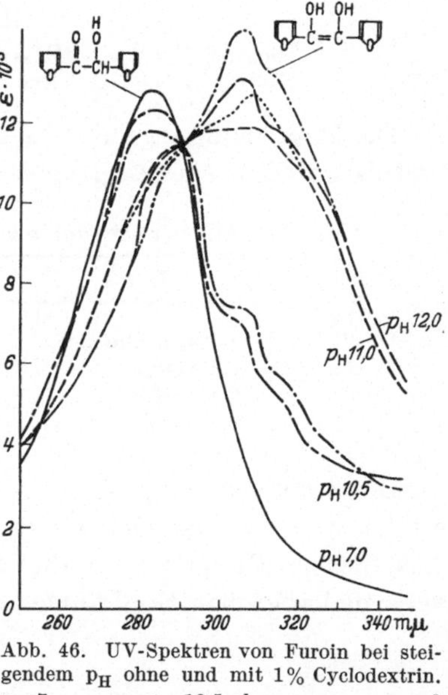

Abb. 46. UV-Spektren von Furoin bei steigendem p_H ohne und mit 1% Cyclodextrin. p_H 7 ——; p_H 10,5 ohne ———— und mit - - - -; p_H 11,0 ohne ---- und mit ------; p_H 12,0 ohne ——— und mit -·-·-·-·-. Nach CRAMER (*32a*),

Die Endiolform ist hier durch die Möglichkeit der Ausbildung von Wasserstoffbrükken zum N-Atom begünstigt, so daß sie praktisch allein vorliegt. Damit kann der Einschlußkatalysator keine Wirkung mehr entfalten. Das Cyclodextrin oxydiert nicht, sondern lagert in eine oxydierbare Form um, und wenn diese schon vorhanden ist, ist der Katalysator überflüssig.

I II

Dioxindol. Dioxindol ist ebenfalls ein α-Oxyketon, das sich in ein leicht oxydierbares Endiol umzulagern vermag, welches dann unter Aufnahme von 1 Atom Sauerstoff in Isatin übergeht.

Bei p_H 8,4 in sek. Phosphatpuffer vermag β-Dextrin die Oxydation von Dioxindol auf das mehr als Dreifache zu beschleunigen.

Dioxindol Ketoform → Dioxindol Enolform $\xrightarrow{O_2}$ Isatin

Die Meßtechnik war hier die gleiche wie beim Furoin, die Verhältnisse sind in Abb. 47 graphisch dargestellt.

Tabelle 18. *RG.* der *Oxydation von Dioxindol nach* CRAMER (*32a*).

Zusatz	(T) min	k min^{-1}
α-Meth. Glucose	40	0,0174
α-Dextrin. . . .	19,2	0,0361
β-Dextrin . . .	12	0,0580
γ-Dextrin . . .	21	0,033

Die Beschleunigung ist am größten durch β-Dextrin, und zwar erfolgt hier die Oxydation mit der 3,3fachen Geschwindigkeit. Aus diesem Beispiel wird die verschiedene Wirkungsweise der verschieden großen Hohlräume ersichtlich.

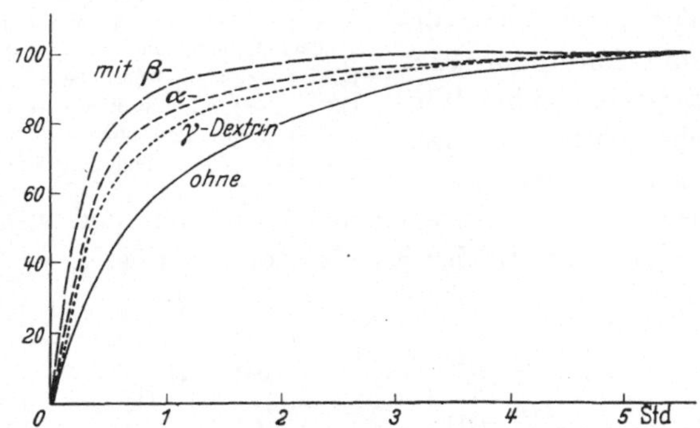

Abb. 47. Oxydation von Dioxindol nach CRAMER (*32a*). ——— ohne Zusatz; mit – – – – α-, — — — β- und - - - - - - - γ-Dextrin.

3. Einschlußverbindungen als Fermentmodelle.

Die katalytische Wirkung von Einschlußverbindungen kann mit der der Fermente in vieler Hinsicht verglichen werden. Die Katalyse durch Cyclodextrine vollzieht sich in wäßrigen Lösungen bei physiologischen Temperatur- und p_H-Bedingungen. In folgenden Punkten zeigt sich Übereinstimmung mit der Reaktionsweise der Fermente:

1. Einschlußverbindungen wirken als mikroheterogene Katalysatoren.

Fermentreaktionen vollziehen sich makroskopisch gesehen in homogener Lösung. Aber es ist ein Charakteristikum aller Fermentmoleküle, daß sie zu den kolloidal gelösten, makromolekularen Stoffen zählen. Die als Katalysatoren zu betrachtenden Fermente stehen daher zwischen den molekulardispers verteilten homogenen Katalysatoren (OH-Ionen usw.) und den durch eine ausgedehnte aktive Oberfläche wirkenden heterogenen Katalysatoren (Aktivkohle usw.). Nach BREDIG (*16*) bezeichnet man die Fermente als mikroheterogene Katalysatoren. Das Cyclodextrin stellt ein übersichtliches Beispiel dieser Reaktionsweise dar.

2. Alle Fermente zeigen eine ausgeprägte Substratspezifität.

Besonders gut untersucht ist die Substratspezifität der Glucosidasen von HELFERICH (*55*). Die Spezifität erstreckt sich nicht nur auf den chemischen Charakter eines Moleküls, sie ist vielmehr so weitgehend, daß zwischen feinsten Unterschieden des räumlichen Baues, etwa Einführung einer Methylgruppe u. a., unterschieden wird. Hier müssen räumliche Verhältnisse eine entscheidende Rolle spielen (Schlüssel-Schloß-Beziehungen). Die Wirkungsweise der Fermente ist in diesem Punkte noch sehr rätselhaft, das Einschlußmodell kann sie zwanglos erklären.

3. Fermente sind optisch spezifisch.

Die optische Spezifität der Fermente kann nur durch den asymmetrischen Charakter ihrer Bausteine bewirkt werden. In Modellreaktionen ist insbesondere von BREDIG (*17*) an zahlreichen Beispielen der Nachweis für eine derartige steuernde Wirkungsweise von asymmetrischen Katalysatoren beigebracht worden. BREDIG verwendete Chinin und Derivate als homogene asymmetrische Katalysatoren und Dimethylaminocellulose als heterogenen Katalysator bei der Decarboxylierung von Bromcamphocarbonsäure und bei der Cyanhydrinsynthese. Wie im Abschnitt IV S. 78 gezeigt wurde, lassen sich optische Antipoden mit Hilfe von Einschlußverbindungen trennen. Wenn Fermente nach diesem Prinzip arbeiten, wäre es erklärlich, daß sie den entsprechenden Substraten optische Aktivität aufprägen.

4. Fermente sind meist nur in einem sehr engen p_H*-Bereich wirksam.* Das Cyclodextrinmodell wirkt ebenfalls nur in einem sehr engen p_H-Bereich (s. Abb. 45).

5. Ein Fermentmolekül kann zahlreiche Substratmoleküle umsetzen. Dies gehört zum Begriff des Katalysators. Auch das Cyclodextrin verbraucht sich nicht, da es an der Umsetzung nicht mit einer chemischen Bindung beteiligt ist.

6. Fermente lassen Reaktionen unter physiologischen Bedingungen ablaufen, die in vitro nur durch extreme, unphysiologische Bedingungen erzwungen werden können.

Das Cyclodextrinmodell verschiebt eine im alkalischen Gebiet ablaufende Reaktion zum Neutralpunkte hin.

7. Fermente, jedenfalls die Oxydationsfermente, sind zusammengesetzter Natur und bestehen aus einer spezifischen Wirkgruppe, dem Coferment, und einem Eiweißanteil, dem Apoferment.

In den Oxydationsfermenten aktiviert die spezifische Gruppe den Sauerstoff bzw. überträgt Elektronen an das Substrat. Sie ist aber allein in der Regel unwirksam oder nur sehr viel schwächer wirksam als das vollständige Ferment (Holoferment) und bedarf der Bindung an den Proteinanteil, um ihre Wirkung auf das Substrat entfalten zu können. Das Substrat wird dabei durch den Apofermentanteil aktiviert. Gleichzeitig kann der Proteinanteil auch noch das Coferment in der Weise beeinflussen, daß sein Redoxpotential durch „Salzbildung" erhöht wird, wie etwa im Gelben Ferment, dessen Redoxpotential um 0,12 V über dem der Lactoflavinphosphorsäure liegt (s. S. 96).

Gerade die Wirkung des Apofermentes wird durch das Einschlußmodell wiedergegeben.

Die vorgeschlagene Wirkungsweise der Fermente widerspricht in keiner Weise den bisherigen Vorstellungen. Die eigentliche chemische Reaktion kann sich an der spezifischen Gruppe des Fermentes entweder als Hauptvalenzkatalyse im Sinne von LANGENBECK (*74*) oder als Nebenvalenzkatalyse nach MICHAELIS und MENTEN (*79*) vollziehen. In allen bisherigen Betrachtungen wird jedoch die Rolle des Apofermentanteiles weniger berücksichtigt, von dem aber seit langem bekannt ist, daß er den wesentlichen Einfluß auf die im engeren Sinne fermentative Reaktion hat.

Neben den zusammengesetzten Fermenten steht die große Gruppe der Fermente ohne spezifische Gruppen. Auch nach

Reindarstellung und Kristallisation vieler dieser Fermente durch die fortgeschrittenen Methoden der präparativen Eiweißchemie war es nicht möglich, spezifische Gruppen in diesen Fermenten nachzuweisen. Alle Fermente ohne funktionelle Gruppen, also etwa sämtliche Hydrolasen, wie Proteinasen, Amylasen usw., können nur mit Hilfe eines *topochemischen Prinzips* arbeiten, d. h. die räumliche Anordnung und Konzentration der an sich bedeutungslosen Gruppen des Moleküls muß hier das Entscheidende sein.

VIII. Wann kann es zur Bildung von Einschlußverbindungen kommen?

Abschließend sei nochmals eine tabellarische Übersicht über die bisher bekannten Einschlußverbindungen gegeben.

Tabelle 19.

Wirt	Form des Hohlraums	Gast
Gittereinschlußverbindungen		
Harnstoff	Kanal	n-Paraffinderivate
Thioharnstoff	Kanal	verzw. u. cycl. Kohlenwasserstoffe
Desoxycholsäure	Kanal	Paraffine, Fettsäuren, Aromaten
Dinitrodiphenyl	Kanal	Diphenylderivate
Hydrochinon	Käfig	HCl, SO_2, Acetylen, Edelgase u. a. m.
Gashydrate	Käfig	Halogene, Edelgase, kleine Kohlenwasserstoffe
o-Trithymotid	Käfig	Cyclohexan, Benzol, Chloroform
Oxyflavane	Käfig	org. Basen
Dicyano-ammin-benzol-nickel	Käfig	Benzol, Phenol
Stoffe, die blaue Jodaddukte liefern	Kanal	J_{14-20}
Moleküleinschlußverbindungen		
Cyclodextrin	Kanal bzw. in Lösung Käfig	Kohlenwasserstoffe, Jod, Alkohole, halogenierte Paraffine, Aromaten, Farbstoffe u.a.m.
Inclusionsverbindungen makromolekularer Stoffe		
Tonmineralien	Kanal Schicht	Hydrophile Stoffe
Graphit	Schicht	O, HSO_4^-, Alkalimetalle
Cellulose	Kanal	H_2O, Paraffine, Farbstoffe, Jod
Stärke	Kanal	Fettsäuren, Jod
Eiweiß	?	Farbstoffe, Lipoide

Unsere Kenntnisse über Einschlußverbindungen befinden sich noch im Stadium des Sammelns von Material. Es lassen sich bisher kaum Voraussagen machen, wann es zur Bildung von Einschlußverbindungen kommt. Gerade aber die Möglichkeit des planmäßigen Vorausschauens sollte auch hier unser Ziel sein. Immerhin bietet sich doch schon ein recht vielfältiges Bild über die Verbindungsklasse. Dabei scheinen folgende Faktoren bei der Bildung von Einschlußverbindungen eine Rolle zu spielen.

1. Ein Kristallgitter oder ein Molekül muß Hohlräume enthalten.

2. Die Addenden müssen in die Hohlräume hineinpassen.

3. Hohlraumgitter treten besonders dann auf, wenn großflächige Ringsysteme auskristallisieren wie die Gallensäuren, hochkondensierte Aromaten (Dibenzacridin oder Chinin).

4. Wirt- und Gastmolekül sind nicht getrennt zu betrachten, Einschlußverbindungen sind besonders dann stabil, wenn das einschließende System eine hohe Elektronendichte besitzt.

Jedes Harnstoff- oder Thioharnstoffmolekül besitzt zwei einsame Elektronenpaare am Sauerstoff bzw. Schwefel und je eines an den Stickstoffatomen. Cyclodextrin trägt an jeder OH-Gruppe und an jedem Acetalsauerstoff zwei einsame Elektronenpaare. Hydrochinon enthält drei aromatische π-Elektronenpaare und vier einsame Elektronenpaare an den Sauerstoffatomen. Besonders günstig für die Bildung von Einschlußverbindungen scheint das α- und γ-Pyronsystem zu sein. Cumarin und besonders die Naphthocumarine (großflächige Ringsysteme!) geben blaue Jodreaktion. Hier wird die Wechselwirkung zwischen Wirt und Gast besonders deutlich: Das Pyronsystem ist ein Elektronendonator, Jod bzw. Polyjodid ein Acceptor. Es zeigt sich also mehr und mehr, daß bei der Bildung von Einschlußverbindungen räumliche Effekte nicht die allein maßgeblichen sein können. Vielmehr muß der Energiegewinn, der bei der Bildung von Einschlußverbindungen erzielt wird, auch aus der Wechselwirkung zwischen Wirt und Gast resultieren. Andererseits ist es bei *starker* Wechselwirkung zwischen den Partnern auch nicht möglich, eine Einschlußverbindung zu erhalten: Wenn nämlich *ein* Molekül des Gastes *ein* Molekül des Wirtes vollständig zu binden vermag, so wird es in der Regel nicht möglich sein, diese Verbindung in einem Einschlußgitter unterzubringen. Die Verbindung zwischen Cumarin (starker Donator) und $HgCl_2$ (starker Acceptor) ist bereits als ein Komplex zu bezeichnen.

Einschlußverbindungen können also nur in einem relativ engen energetischen Bereich stabil sein, in dem die Wechselwirkungskräfte zwischen Wirt- und Gastmolekül in der richtigen Weise ausgewogen sind. Die Klasse der Einschlußverbindungen gewinnt damit Anschluß an die bisher „lockersten" Verbindungen, die Nebenvalenzverbindungen.

Literatur.

1. Adams, R., and T. L. Caires: J. Amer. Chem. Soc. **61**, 2179 (1939).
2. Angla, B.: C. r. Acad. Sci. (Paris) **224**, 402 (1947).
2a. Anschütz, R.: Ber. Chem. **25**, 3512 (1892).
2b. Anschütz, R.: Friedländer **3**, 825 (1913).
3. Bailey, W., R. A. Bannerot, L. C. Fetterly and A. G. Smith: Industr. Engin. Chem. **43**, 2125 (1951).
4. Baker, W., R. F. Curtis and J. McOmie: J. Chem. Soc. London **1951**, 76.
5. Baker, W., R. F. Curtis and M. Edwards: J. Chem. Soc. London **1951**, 83.
6. Baker, W., B. Gilbert and W. Ollis: J. Chem. Soc. London **1952**, 1443.
7. Baker, W., R. F. Curtis and J. McOmie: J. Chem. Soc. London **1952**, 1774.
7a. Baker, W., W. Ollis, B. Gilbert and T. Zealley: J. Chem. Soc. London **1951**, 209.
7b. Baker, W., A. S. ElNawawy and W. Ollis: J. Chem. Soc. London **1952**, 3163.
8. Barger, G., and E. Field: J. Chem. Soc. London **101**, 1394 (1912).
9. Barrer, R.: Soc. London **1948**, 127; Trans. Faraday Soc. **40**, 195 (1944).
9a. B. A. S. F.: D. P. 875658, Erf. F. Bengen, W. Schlenk, angem. 5. 12. 40., ausg. 4. 5. 53.
9b. B. A. S. F.: D. P. 884045, Erf. W. Schlenk, angem. 13. 12. 43.
9c. B. A. S. F.: D. P. 855559, Erf. W. Schlenk, angem. 3. 5. 44. ausg. 13. 11. 52.
9d. B. A. S. F.: D. P. 862009, Erf. W. Schlenk, angem. 3. 4. 44., ausg. 8. 1. 53.
9e. B. A. S. F.: D. P. 869070, Erf. F. Bengen, angem. 19. 3. 40., ausg. 2. 3. 53.
9f. B. A. S. F.: D. P. 856296, Erf. W. Schlenk, angem. 8. 7. 50., ausg. 20. 11. 52.
9g. B. A. S. F.: D. P. 870414, Erf. W. Schlenk, angem. 13. 11. 50., ausg. 12. 3. 53.
9h. B. A. S. F.: D. P. 859891, Erf. W. Schlenk, angem. 18. 7. 50, ausg. 18. 12. 52.
10. Bassil, G., and R. J. Boscott: Biochemic. J. 48, XLVIII (1951).
11. Bates, F. L., D. French, and R. E. Rundle: J. Amer. Chem. Soc. **65**, 142 (1943).
12. Bengen, M. F.: Z. angew. Chem. **63**, 207 (1951).
12a. Bergmann, M.: Ber. Chem. **57**, 755 (1924).

12b. BJERRUM, J.: Z. angew. Chem. **63**, 527 (1951).
13. BORCHERT, W.: Z. Naturforsch. **3b**, 464 (1948).
14. BORCHERT, W.: Heidelberger Beitr. Mineral. **3**, 124 (1952).
14a. BOYD, W. C.: J. of Exper. Med. **75**, 407 (1942).
15. BRADLEY, W.: J. Amer. Chem. Soc. **67**, 975 (1945).
16. BREDIG, G.: Inorganic Ferments, Colloid Chem. III, New York 1928.
17. BREDIG, G.: Zit. in Handbuch der Katalyse III, Artikel G. M. SCHWAB, S. 560ff. Wien 1941.
17a. BRIEGLEB, G., u. TH. SCHACHOWSKOY: Z. physik. Chem. (B) **14**, 255 (1932).
17b. BRIEGLEB, G.: Fortschritte der Chem. Forschg. (Springer). Bd. 1, 4. Heft.
17c. BROSER, W., u. W. LAUTSCH: Naturwiss. **40**, 220 (1953).
18. BUU-HOI, N. P.: Z. physiol. Chem. **278**, 230 (1943).
19. CAGLIOTI, V., e G. GIACOMELLO: Gazz. chim. ital. **69**, 245 (1939).
19a. CAMPBELL, D. H., u. N. BULMAN: In Fortschr. org. Chem. d. Naturst. IX, 443 (1952) Springer.
20. CILENTO, G.: J. Amer. Chem. Soc. **74**, 968 (1952).
21. COLIN, H., GAULTIER DE CLAUBRY: Ann. de Chim. **90**, 87 (1814).
22. COHN, E., and J. EDSALL: Prot. Amino Acids and Peptides, Reinhold Publ. Corp., New York, Chapter 24.
23. COHN, E. et al.: Science (Lancaster, Pa.) **109**, 443 (1949). — E. J. COHN, W. L. HUGHES jr., J. H. WEARE: J. Amer. Chem. Soc. **63**, 1753 (1947).
24. CRAMER, F.: Naturwiss. **38**, 188 (1951).
25. CRAMER, F.: Chem. Ber. **84**, 851 (1951).
26. CRAMER, F.: Chem. Ber. **84**. 855 (1951).
27. CRAMER, F.: Z. angew. Chem. **64**, 136 (1952).
28. CRAMER, F., u. W. HERBST: Naturwiss. **39**, 256 (1952).
29. CRAMER, F.: Z. angew. Chem. **64**, 437 (1952).
30. CRAMER, F.: Papierchromatographie, 2. Aufl., Weinheim/Bergstr., Verlag Chemie 1953.
31. CRAMER, F.: Liebigs Ann. **579**, 17 (1953).
32. CRAMER, F.: Unveröffentlicht.
32a. CRAMER, F.: Chem. Ber. **86**, 1576 (1953).
32b. CRAMER, F.: Z. angew. Chem. **65**, 320 (1953).
32c. CRAMER, F.: Chem. Ber. **86**, 1582 (1953).
32d. CRAMER, F., u. W. KRUM: Chem. Ber. **86**, 1586 (1953).
33. DALGLIESH, C. E.: J. Chem. Soc. London **1952**, 3940.
33a. v. DIETRICH, H., u. F. CRAMER: Chem. Ber. **87**, (1954) im Druck.
33b. v. EULER, H., u. E. ADLER: Z. physiol. Chem. **238**, 233 (1936).
34. EVANS, D., and R. RICHARDS: Nature (Lond.) **170**, 246 (1952).
35. FEITKNECHT, W., u. H. BÜRKI: Experientia (Basel) **5**, 154 (1949); FEITKNECHT, W., u. H. WEIDMANN: Helvet. chim. Acta **26**, 1560, 1564, 1911 (1943).
36. FIESER, L., and M. NEWMAN: J. Amer. Chem. Soc. **57**, 1602 (1935).
37. FÖRSTER, TH.: Z. Elektrochem. **45**, 548 (1939); **54**, 42 (1950).
38. FRENCH, D., and R. E. RUNDLE: J. Amer. Chem. Soc. **64**, 1651 (1042).
39. FRENCH, D., M. LEVINE, J. PAZUR and E. NORBERG: J. Amer. Chem. Soc. **71**, 354 (1949).

40. FRENCH, D., M. LEVINE and J. PAZUR: J. Amer. Chem. Soc. **71**, 356 (1949).
41. FREUDENBERG, K., u. R. JACOBI: Liebigs Ann. **518**, 102 (1935).
42. FREUDENBERG, K., u. M. MEYER-DELIUS: Ber. Chem. **71**, 1596 (1938).
43. FREUDENBERG, K., E. SCHAAF, G. DUMPERT u. TH. PLOETZ: Naturwiss. **27**, 850 (1939).
44. FREUDENBERG, K., E. PLANKENHORN u. H. KNAUBER: Liebigs Ann. **558**, 1 (1947).
45. FREUDENBERG, K., u. F. CRAMER: Z. Naturforsch. **3b**, 464 (1948).
46. FREUDENBERG, K., u. F. CRAMER: Chem. Ber. **83**, 296 (1950).
47. FREUDENBERG, K., H. REZNIK, H. BOESENBERG u. D. RASENACK: Chem. Ber. **85**, 641 (1952).
48. GIACOMELLO, G.: Gazz. chim. ital. **73**, 3 (1943).
49. GIESEKING, J.: Soil Sci. **47**, 1 (1939).
50. GILBERT, G. A., and J. V. R. MARRIOT: Trans. Faraday Soc. **44**, 84 (1948).
51. GMELINS Handbuch der anorganischen Chemie, 8. Aufl. 1933, Bd. Jod, S. 197ff.
51a. GO, Y., u. O. KRATKY: Z. physik. Chem. (B) **26**, 439 (1934).
52. HANES, CH. S.: New Phytologist **36**, 101, 189 (1937).
53. HAUROWITZ, F., F. DIMOIA and S. TEKMAN: J. Amer. Chem. Soc. **74**, 2666 (1952).
54. HEITLER, W., u. F. LONDON: Z. Physik **44**, 455 (1927).
55. HELFERICH, B.: In The Enzymes, Ed. by Sumner Myrbäck, New York 1951, Vol. I. S. 79ff.
56. HENDRICKS, ST. B.: J. Phys. Chem. **45**, 65 (1941).
57. HERMANN, CH., u. A. V. LENNÉ: Naturwiss. **39**, 234 (1952).
58. HODGESON, H. H.: J. Soc. Dyers Col. **49**, 213 (1933).
59. HOFMANN, U., u. E. KÖNIG: Z. anorg. Chem. **234**, 311 (1937) a. a. O.
60. KÉKULÉ, A.: Liebigs Ann. **90**, 309 (1854).
61. KERMACK, W., R. SLATER and W. SPRAGG: Proc. Roy Soc. Edinburgh **50**, 243 (1930).
62. KLOTZ, I. M., R, BURKHARD and J. URQUHART: J. Amer. Chem. Soc. **74**, 202 (1952).
63. KLOTZ, I. M., E. GELEWITZ and J. URQUHART: J. Amer. Chem. Soc. **74**, 209 (1952).
64. KORTÜM, G., u. G. FRIEDHEIM: Z. Naturforsch. **2a**, 20 (1947).
65. KRATKY, O., u. G. GIACOMELLO: Mh. Chem. **69**, 427 (1936).
66. KRÜGER, D., u. H. RUDOW: Ber. Chem. **71**, 707 (1938).
67. KRZIKALLA, H., u. B. EISTERT: J. prakt. Chem. **143**, 50 (1935).
68. KUHN, H.: Z. Elektrochem. **53**, 165 (1949) a. a. O.
69. KUHN, R., u. A. ALBRECHT: Liebigs Ann. **455**, 272 (1927); **458**, 221 (1927).
70. KUHN, R., u. N. A. SÖRENSEN: Ber. Chem. **71**, 1878 (1938).
70a. KUHN, R., u. P. BOULANGER: Ber. Chem. **69**, 1557 (1936).
71. KUHN, W., u. E. KNOPF: Z. phys. Chem. (B) **7**, 292 (1930).
71a. LACKEY, H. B., W. W. MOYER u. W. M. HEARON: Tappi **32**, 469 (1949).

72. LANDSTEINER, K.: The Specifity of Serol. Reaction, New York 1936.
72a. LANDSTEINER-PAULING: The specifity of serological reactions. Rev. ed. Harvard Univ. Press 1945.
73. LANGENBECK, W.: Chem. Ztg. **62**, 1 (1938).
74. LANGENBECK, W.: Die organischen Katalysatoren und ihre Beziehungen zu den Fermenten. Springer 1935 und 1948.
74a. LINSTAED, R. P., and M. WHALLEY: Soc. London **1950**, 2987.
74b. LEVINE, A., and M. SCHUBERT: J. Amer. Chem. Soc. **74**, 91 (1952).
74c. LEVINE, A., and M. SCHUBERT: J. Amer. Chem. Soc. **74**, 5702 (1952).
75. McEVAN, D.: Trans. Faraday Soc. **44**, 349 (1948).
75a. MARTINEZ MORENO, J. M., A. VÁZQUES RONCERO, M. L. JANER DEL VALLE: An. Fisica y Quim. (im Druck).
76. MATHES, W., W. SAUERMILCH u. TH. KLEIN: Chem. Ber. **84**, 452 (1951).
77. MECKE, R.: Z. Physik **42**, 396 (1927).
78. MEYER, K. H.: Makromolekulare Chemie. S. 728. Leipzig: Akad. Verlagsges. 1950.
79. MICHAELIS, L., u. M. MENTEN: Biochem. Z. **49**, 333 (1913).
79a. MICHAELIS, L.: J. Phys. Colloid Chem. **54**, 1 (1950).
80. NEWMAN, A., and H. M. POWELL: J. Chem. Soc. London **1952**, 3747.
81. PALIN, D. E., and H. M. POWELL: Nature (Lond.) **156**, 334 (1945); Soc. London **1947**, 208; **1948**, 61, 571, 816.
82. PAULING, L.: J. Amer. Chem. Soc. **62**, 2643 (1940).
83. PAULING, L.: The Nature of Chemical Bond, Cornell Univ. Press, Itacah. New York 1947.
83a. PAULING, L., D. CAMPBELL and D. PRESSMANN: Physiol. Rev. **23**, 203 (1943).
83b. PAULING, L.: J. Amer. Chem. Soc. **69**, 542 (1947).
84. PERUTZ, M. F.: Proc. Roy. Soc. (Lond.) A **195**, 473 (1949); Nature (Lond.) **149**, 491 (1942); **161**, 204 (1948); Trans. Faraday. Soc. **42** B, 187 (1946).
85. PERUTZ, M. F.: Research **2**, 52 (1949).
86. PFEIFFER, P.: Organische Molekülverbindungen. 2. Aufl. Stuttgart 1927.
87. POWELL, H. M., and J. RAINER: Nature (Lond.) **163**, 566 (1949).
88. POWELL, H. M.: J. Chem. Soc. London **1950**, 298, 300, 468.
89. POWELL, H. M.: Nature (Lond.) **170**, 155 (1952).
90. PRINGSHEIM, H., u. A. STEINGROEVER: Ber. Chem. **57**, 1579 (1924).
91. RAPSON, W., D. SAUNDER and E. THEAL-STEWART: J. Chem. Soc. London **1946**, 1110.
92. RAPSON, W., D. SAUNDER and E. THEAL-STEWART: Proc. Roy. Soc. (Lond.) 188, 31 (1946); **190**, 508 (1947).
92a. READ, J.: Nature (Lond.) **171**, 843 (1953).
93. RHEINBOLDT, H.: Liebigs Ann. **451**, 258 (1927).
94. RHEINBOLDT, H.: Liebigs Ann. **473**, 253 (1929).
95. RHEINBOLDT, H.: J. prakt. Chem. N. F. **153**, 313 (1939).
96. RUFF, O.: Z. Elektrochem. **44**, 333 (1938).
97. RUGGLI, P.: Kolloid-Z. **63**, 129 (1933).

98. RUNDLE, R. E., J. F. FORSTER and R. R. BALDWIN: J. Amer. Chem. Soc. **66**, 2116 (1944).
99. RUNDLE, R. E.: J. Amer. Chem. Soc. **69**, 1769 (1947).
100. SCHARDINGER, F.: Z. Unters. Nahr.u.Genußm. **6**, 874 (1903).
101. SCHEIBE, G., u. D. BRÜCK: Z. Elektrochem. **54**, 403 (1950).
102. SCHLEEDE, A., u. M. WELLMANN: Z. phys. Chem. B **18**, 1 (1932).
102a. SCHLENK, H., and R. HOLMAN: J. Amer. Chem. Soc. **72**, 5001 (1950).
103. SCHLENK, W., JR.: Liebigs Ann. **565**, 204 (1949).
104. SCHLENK, W., JR.: Liebigs Ann. **573**, 142 (1951).
105. SCHLENK, W., JR.: Fortschr. chem. Forsch. (Springer). Bd. 2, Heft 1, 92ff. (1951).
106. SCHLENK, W., JR.: Experientia (Basel) **8**, 337 (1952).
107. SCHOCH, TH. J.: Adv. Carboh. Chem. **1**, 247 (1945).
108. SENTI, F. R., and L. P. WITNAUER: Amer. Soc. **70**, 1438 (1949).
108a. SKELLON, J. H., and C. G. TAYLOR: Nature (Lond.) **171**, 266 (1953).
109. SOBOTKA, H., and S. KAHN: Biochemic. J. **26**, 898 (1932).
110. SOBOTKA, H., and A. GOLDBERG: Biochemic. J. **26**, 905 (1932).
111. SOBOTKA, H.: J. org. Chem. **1**, 274 (1936).
112. SPALLINO, R., e G. PROVENZAL: Gazz. chim. ital. **39**II, 325 (1909).
113. v. STACKELBERG, M., u. H. MÜLLER: Naturwiss. **36**, 327, 359 (1949); **38**, 457 (1951); **39**, 20 (1952).
114. STAUDINGER, H., u. W. DÖHLE: J. prakt. Chem. **161**, 219 (1942).
115. STAUDINGER, H.: Z. angew. Chem. **64**, 152 (1952).
116. STEIN, R. S., and R. E. RUNDLE: J. Chem. Phys. **16**, 195 (1948).
116a. STEINKOPF, W., J. ROCH u. K. SCHULTZ: J. prakt. Chem. [2] **113**, 164 (1926).
117. SWANSON, M. A.: J. of Biol. Chem. **172**, 825 (1948).
118. SWERN, D., L. P. WITNAUER and H. B. KNIGHT: J. Amer. Chem. Soc. **74**, 1655 (1952).
119. SWERN, D., and W. S. PORT: J. Amer. Chem. Soc. **74**, 1738 (1952).
119a. THEORELL, H.: Biochem. Z. **278**, 263 (1935).
119b. WARBURG, O., u. W. CHRISTIAN: Biochem. Z. **295**, 261; **296**, 294; **297**, 417; **298**, 150 (1938).
119c. WARBURG, O., W. CHRISTIAN u. A. GRIESE: Biochem. Z. **282**, 157 (1935).
119d. WEISSMANN, N., W. H. CARNES, P. S. RUBIN and J. FISHER: J. Amer. Chem. Soc. **74**, 1423 (1952).
120. WEST, C. D., and E. H. LAND: In Alexander, Adv. in Colloid Chem. S. 160ff. New York: Reinh. Publ. 1946.
121. WEST, D. C.: J. Chem. Phys. **15**, 689 (1947); **17**, 219 (1949).
122. WEST, C. D.: J. Chem. Phys. **19**, 1432 (1951).
123. WIELAND, H., u. H. SORGE: Hoppe-Seylers Z. **97**, 1 (1916).
124. WILCOX, W., D. CARSON and D. KLATZ: Industr. Engin. Chem. **33**, 662 (1941).
125. WINDAUS, A., F. KLÄNHARD u. R. WEINHOLD: Hoppe-Seylers Z. **126**, 308 (1923).
125a. WITTIG, G., u. K. CLAUSS: Liebigs Ann. **577**, 26 (1952).
126. ZAHN, H.: Z. angew. Chem. **64**, 295 (1952).

Sachverzeichnis.

Hoppe-Seyler/Thierfelder

Handbuch der physiologisch- und pathologisch-chemischen Analyse

Für Ärzte, Biologen und Chemiker. Zehnte Auflage. Herausgegeben von Professor Dr. Dr. **K. Lang,** Direktor des Physiologisch-Chemischen Instituts der Universität Mainz, und Professor Dr. **E. Lehnartz,** Direktor des Physiologisch-Chemischen Instituts der Universität Münster i. W., unter Mitarbeit von Privatdozent Dr. Günther Siebert, Mainz. In fünf Bänden.

Erster Band:

Allgemeine Untersuchungsmethoden 1. Teil

Mit 502 Abbildungen. XII, 762 Seiten 4°. 1953. Moleskin DM 185.— Bei Verpflichtung zur Abnahme des gesamten Handbuches Moleskin DM 148.—

Inhaltsübersicht: **Untersuchung von Krystallen mit dem Polarisationsmikroskop.** Von A. Rittmann, Alexandria, und B. Flaschenträger, Alexandria. — **Mikromethodik.** Von H. Lieb, Graz, und W. Schöniger, Graz. — **Elektrophorese.** Von E. Wiedemann, Basel. — **Die Ultrazentrifuge.** Von E. Hellman, Uppsala/Schweden. — **Chromatographie.** Von H. M. Rauen, Frankfurt/M. — **Die Gegenstromverteilung.** Von H. M. Rauen, Frankfurt/M., und W. Stamm, Frankfurt/M. — **Mikromethoden zur Kennzeichnung organischer Stoffe und Stoffgemische.** Von L. Kofler †, Innsbruck. — **Absorption und Emission von Strahlung.** Von G. Kortüm und M. Kortüm-Seiler, Tübingen. — **Nephelometrie.** Von G. Kortüm und M. Kortüm-Seiler, Tübingen. — **Refraktometrie und Interferometrie.** Von G. Kortüm, Tübingen, und M. Kortüm-Seiler, Tübingen. — **Polarimetrie.** Von G. Kortüm und M. Kortüm-Seiler, Tübingen. — **Elektrische Leitfähigkeit.** Von G. Schmid, Köln. — **Wasserstoffionenkonzentration.** Von F. Ender, Heidelberg. — **Colorimetrische Bestimmung der Wasserstoffionenkonzentration.** Von W. Esselborn, Darmstadt. — **Redoxpotentiale.** Von F. Ender, Heidelberg. — Namen- und Sachverzeichnis.

Fünfter Band:

Untersuchung der Organe, Körperflüssigkeiten und Ausscheidungen

Mit 44 Abbildungen. IX, 938 Seiten 4°. 1953. Moleskin DM 168. — Bei Verpflichtung zur Abnahme des gesamten Handbuches Subskriptionspreis. Moleskin DM 134.40

Inhaltsübersicht: **Untersuchung der Körperflüssigkeiten und Ausscheidungen:** Blut. Harn. Von K. Hinsberg, Düsseldorf. Liquor cerebrospinalis. Pathologische Flüssigkeitsansammlungen. Von K. Hinsberg und W. Geinitz, Düsseldorf. Speichel. Sputum. Von K. Hinsberg und G. Schmid, Düsseldorf. Magensaft und Mageninhalt. Darmsaft. Pankreassaft. Galle. Von K. Hinsberg und F. Bruns, Düsseldorf. Faeces. Von K. Hinsberg, Düsseldorf, H. D. Cremer, Mainz, und G. Schmid, Düsseldorf. Konkremente. Von K. Hinsberg und W. Geinitz, Düsseldorf. — **Untersuchung der Organe:** Von H. D. Cremer, Mainz, und J. Führ, Hamburg. Allgemeines und Normalwerte. Die einzelnen Organe: Leber, Niere und Harnorgane. Milz und lymphatische Gewebe. Lunge. Magen und Darm. Zentralnervensystem und periphere Nerven. Muskel, Herz und Uterus. Auge. Sexualorgane und Fortpflanzung. Haut, Hautsekrete, Haare und Hornsubstanzen. Bindegewebe, Fettgewebe und Gefäße. Knochen, Knochenmark, Knorpel, Gelenke und Gelenkflüssigkeit. Zähne. Innersekretorische Drüsen (ausschließlich Hormone): Hypophyse. Schilddrüse. Nebenschilddrüsen. Thymusdrüse. Nebennieren. Pankreas. Drüsen ohne endokrine Funktion: Speicheldrüsen. Brustdrüse. Bürzeldrüse. Tränendrüse und Tränen. — **Untersuchung der Milch.** Von W. Diemair, Frankfurt a. Main. — **Untersuchung von Tumoren.** Von C. Dittmar, Frankfurt a. Main. — **Nachweis wichtiger Arzneimittel und Gifte.** Von K. Gemeinhardt †, Berlin. — Namen- und Sachverzeichnis.

Ferner sind vorgesehen:

Zweiter Band: **Allgemeine Untersuchungsmethoden,** 2. Teil.
Dritter Band: **Bausteine des Tierkörpers,** 1. Teil.
Vierter Band: **Bausteine des Tierkörpers,** 2. Teil.